人はなぜ星を見上げるのか

星と人をつなぐ仕事

髙橋真理子

新日本出版社

星野道夫さんに捧ぐ

プロローグ——20年前の手紙から

1990年3月、はじめてのアラスカ。星野道夫さんとフェアバンクス空港にて。

プラネタリウムや星・宇宙というものを仕事のパートナーにするようになって、まもなく20年になる。20年前、私はオーロラを研究する大学院生だった。高校生のときに出逢った〝オーロラ〟を追いかけ、大学卒業後の大学院では5年間研究生活を送っていた。けれど、ほんとうに自分が取り組みたいテーマを見出すことができずに行き詰まると同時に、様々な人間関係に苦しんでいるときだった。

そんな最中、写真家の星野道夫さんの突然の訃報。アラスカの大自然の中で、自然と人の関係性をテーマに、多くの写真と文章を残した人であり、私をオーロラやアラスカに駆り立てた張本人であった。今でもなお、私の人生に最も大きな影響を与えた一人である。星野さんを追うようにして入った北海道大学での青春の日々、「アラスカ」と言葉にするだけで胸が高鳴っていたあのころ。星野さんに手紙を書き、アラスカに出向いて、オーロラ研究という〝夢〟を描いていた大学生の自分を思い出すほどに、研究で落ちこぼれた自分に追い打ちをかけられた出来事であった。「自分は何を目指していたのか」「ほんとうは何をやりたかったのか」という自問自答は、やがて、「自分とは何か」という答えのない深みへと発展し、その井戸に降りたまま、しばらく抜け出られない日々が続いた。

どうにも答えが出ず、アラスカに出向いた。そのことが一つの光となり、見失った自分を取り戻すべく、私は「自分が好きでいられる自分」とはどんなものだったか書きだしてみた。そして、亡くなった星野さんに長い手紙を書いた。星野さんへの手紙でありながら、自身のそれまでを振り返り、未来に向けた決意のような文章。以下は、その一部である。

「北海道の自然に魅了され、多くの人々に出会った多感な大学時代を経て、大学院で自然科学の研究の現場に触れてきた私の今の目標は、サイエンスと社会の接点をつくりだすことにある。正直いって私はサイエンスそのものより、人間と自然そのものに対する思い入れのほうが強い。ただ、人がやるからサイエンスが面白いのであり、自然があるからサイエンスがある。その視点から、私はなるべくたくさんの人にとってサイエンスが文化になれば素晴らしいなと想っている。自然に対する愛情や、好奇心がサイエンスをつくりだすということを、研究の現場と一般の人々をつなげられる場所を提供することによって伝えたい。サイエンスを知ることで、得られる新たな驚き、発見がどこかで人間や自然を愛することにもつながるのではないかという予感がある。ほんとうにつながるかどうかはわからない。けれど、人と人をつなげ、多くの人生を知り、多くの考えに出会う。そうした営みの中にサイエンスがあるということ、驚きは自然が与えてくれるものだということ、これは確信をもってそうだといえる。

星野さんの写真集『アークティック・オデッセイ　遥かなる極北の記憶』※1にこんな文章がある。

『しかし、アラスカ先住民の世界を旅しながら、近代化の洗礼がいかに人々の暮らし、精神世界を変えていったのかもまた見続けてきた。それはそのまま、鏡に写しだされた私たち自身の姿でもあった。20世紀を終えようとしている今、人間は一体どこへ向かって進んでいるのか、誰もが心に不安をもつ時代である。テクノロジーは人間を宇宙まで運ぶ時代をもたらし、自然科学は私たちが誰であるのかをたしかに解き明かしつつある。それなのに、科学の知はなぜか私たちと世界とのつながりを語ってはくれない。それどころか、世界は自己から切り離され、対象化され、精神的な豊かさからどんどんと遠ざかってゆく。私たちは、人間の存在を宇宙の中で位置づけるため、神話の力を必要としているのかもしれない。』

そう、私たちは、誰もが自分がどこにいるのか、その場所を知りたい。自分の生きる意味や価値を見出そうとすると、それが不可欠なのだと思う。今、宇宙論や天文学の世界はその人間の存在の位置づけにさえ踏み込もうというところに来ている。それはどんなふうにそれぞれの人に受け入れられるだろうか。科学の知によって、きっと『私たちと世界とのつながり』をも語る日がくると思う。それをどう人々に伝えられるだろう。そんな模索の中で、自分の意味を見出し、そして星野さんの世界を越えた、自分の、私にしかない深い世界を創ってゆきたい。」

「私たちと世界とのつながり」を語るための科学。それを実現するための科学と社会をつなぐ仕事。人を相手にする仕事。そんな模索の中で、私は、科学館というところを就職先として探し始め、全国にある科学館、科学系博物館50館以上に手紙を書いた。そして新しい科学館ができることを知らされ、山梨県に拾ってもらった。オープン前の山梨県立科学館に就職することができたのである。

あれから間もなく20年。当時、その魅力を知らずにいたプラネタリウムという場を与えられ、プラネタリウムは、他のメディアには真似できない、星や宇宙と暗闇を中心とした総合芸術の場であることに気づいた。星空と対峙することの意味を考え、多くの人々に出会い、心から幸せと思える仕事をやってきた。さまざまな実践の中で気づかされてきた「星の力」。それを必要とするであろう人のところに届けるべく、２０１３年、科学館の正規職員を辞して非常勤になると同時に、「宙先《そらさき》案内人」として活動をはじめた。そして２０１６年、科学館を退職し、仲間たちと「星つむぎの村」という団体を立ち上げて、あらたなスタートラインにたっている。あの手紙を書いたときには非常に漠然としていたことが、今は、「人々の心の中にある星空」と、「科学が描く宇宙」を大きなよりどころとして、宇宙と私たちをつなぐ物語を語り、「星と人をつなぐ」仕事をしている。

「人はなぜ星を見上げるのか……髙橋真理子の仕事のすべては、この問いにこたえようとする試みなんだね。」と、大切な友人が言ってくれたことがある。その試みから、「星で人と人をつなぎ」、「星と人をつなぐ」仕事が生まれたのだろう。

本書は、その仕事に至った背景と、20年間の多くのかけがえのない出逢いによって生み出された仕事の記録集である。そこには、私自身が、科学の成果や、人々から教えられた「星空を見上げる意味」がたくさん詰まっている。これを読んでくださったあなたが、今夜星を見上げ、少し新しい視点を得て何かを感じ、それを誰かに伝えてくれることを願っている。

目　次／人はなぜ星を見上げるのか——星と人をつなぐ仕事

1　そうだミュージアムをつくろう

北大構内のポプラ並木（1992年撮影）。ここで空を見上げて、風に吹かれた大好きな場所。

人は生きているかぎり、夢に向かって進んでいく。夢は完成することはない。しかし、たとえこころざし半ばにして倒れても、もしそのときまで全力をつくして走りきったならば、その人の一生は完結しうるのではないだろうか。

星野道夫※2

★埼玉から北海道へ

私は天文少女でも、理系少女でもなかった。小学生のころには「お嫁さんになって家で編み物をする」と言っていたし（現在の友人は誰も信じない）、中学生のときは器械体操に夢中になっていたが、将来何になりたい、と言われても困る生徒だった。けれども、「夢は人に話したほうがいい。有言実行こそ、夢への一歩」という体操部の先輩の言葉は、その後、高校、大学と続く道のそばにずっとあり続けた。そして、経験や素質があったわけでもない器械体操で県大会に行けたのは、「成せば成る」という言葉を体で知るに十分な体験だった。

高校時代に、今の私に続く最初の転機があった。3年生になるとき、一応理系クラスを選んだけれど、理科が得意だったとは言い難い。正直なところ、私よりもはるかに優等生の道を進んでいた2年上の姉が文系だったので、その対抗心から理系を選んだのかもしれない。幸いに、3年時の担任でもあった物理の先生が素晴らしい先生だった。目の前にある現象が、たった一行の数式で表現できる。物理というのは美しいものなのだ、と感動し、面白くてしょうがない科目になったころ、薄い広告冊子の記事を目にした。「不思議あふれる極北から〜オーロラのメッセージ」というタイトルの、たった4ページの記事が、その後の私の針路を決定づけることになる。写真家・星野道夫さんと、オーロラの研究者・赤祖父《あかそふ》俊一《しゅんいち》先生の対談記事だった。

「ぼくは不思議なものがいつまでもたくさんあってほしいんです。言葉にならないような不思議なものって、人を緊張させるでしょう。アラスカにはいろんな生物がいて、オーロラが輝いて、そういう緊張感をもって生きると自分がちっぽけだったり、すばらしかったり、何ものなのかということもわかってくる。それは結局自分が生きているってことがどんなに不思議かってことを知ることなんじゃないか」と、星野さんはそこで語っている。

そのことを当時、どこまで理解したのか、全然覚えていない。ただ、「オーロラって面白そう」と思ったのは、たしかである。そして翌日には、学校の図書館で、赤祖父先生の『オーロラ写真集』※3を借りていた。赤祖父先生の肩書は、アラスカ大学地球物理学研究所の所長であった。地球物理学という学問をやれば、オーロラの研究ができるのか、と思った。地球物理学、なんだかすごくいい響き。地球物理学科がある大学を探した。北海道大学。おー、北海道……

いい響き。これだ、きっとこれに違いない。と、思ったのと、高校からはじめたボート部で全国出場が決まったインターハイが北海道・網走であることを知ったのはどちらが先だったかは覚えていない。

1987年7月。羽田から女満別《めまんべつ》空港に向けて飛ぶ飛行機から見下ろした、襟裳《えりも》岬に続く海岸線の美しさは忘れられない。帰りの飛行機の中では、私はどんなに時間をかけても、北海道を全部まわろう、と決めていた。だから、絶対に北大にいくんだ、と。その後、私を物理に導いてくれた先生には、「北大に行ってオーロラの研究をしたい。他には絶対いかない」と言い続けていた。毎回見せる、その先生の困った顔も忘れられない。9月の沖縄国体が終わってようやく受験勉強を始めた私は、模試で希望校を書くと、おおよそE判定、D判定という結果だった。本番の直前までその判定は変わることがなかったが、先生に説得されてしぶしぶ受けたほかの3校はすべて落ち、念願の北大にだけ受かった。

「受験は気力である」と後輩たちに言葉を残して、意気揚々と北海道に向かった。ところが、入学式の翌日に地球物理学科を訪ね、「私、オーロラの研究をしたいのでよろしくお願いします」と挨拶をしたところ、4年生の先輩学生たちが、みなポカンとした顔をして、「うちではオーロラの研究はやっていないよ」という。そんなことも調べずに、北海道にただただ憧れて来てしまった北大であった。そんな時にも救う神あり、「自分で勉強すればいいんだ。やりたいことをやれ」と、言ってくれた先輩は、その後、私がオーロラの研究をする間、ずっと支えになってくれた人だった。

★オーロラに会いに

大学1年のとき、母が、星野道夫さんのはじめてのエッセイ本である『アラスカ　光と風』※2を送ってくれた。19歳のときに、たった1枚のアラスカの写真にひかれて、そこに写っているエスキモーの村の村長さんに突然、手紙をかいた星野道夫。とにかくアラスカで暮らすために強引にアラスカ大学にはいった星野道夫。マッキンレーとオーロラをとるために、1か月間、一人氷河の中で待つ星野道夫……。夢を追うその姿、アラスカという北の大地の引力、まだ見ぬオーロラの光。私は完全に心をつかまれ、「アラスカ」と心の中でつぶやくだけで、いてもたってもいられない気分になる、そんな状態が続いた。そして、星野さんに手紙を書いた。彼は決して怒らないだろう。そしてきっと返事をくれるだろう。だって、自分がそうした人だから。そう信じていた。その期待通りに、半年後、手紙が届く。自分の親友で、アラスカで暮らしていた人が、北大で助手をしているからきっと力になってくれる、と。そうして、『アラスカ　光と風』のエッセイの中で、Kとして登場する兒玉裕二《こだまゆうじ》さんにアラスカのことをいろいろ教えてもらい、フェアバンクス在住の西山周子《しゅうこ》さんを紹介していただき、それを頼りに、大学2年の春休みにとうとうアラスカの土地を踏んだ。2週間の滞在中、星野さんにもすっかりお世話になり、赤祖父先生にも会うことができた。快晴が続いた最初の4日間、オーロラは現れず、5日目にして、激しく現れた緑色のオーロラは、蛇のように上空を舞った。そのときの気持ちを、言葉にすることは相当困難であった。

星野さんは、「今ぐらいの時期に、漠然といいなと思うものを大切にしたほうがいいよ。」と、優しく語ってくれた。星野さんは、21歳のとき、親友を火山の噴火という突発事故で失っている。そこからしばらく考え続けて出した結論は、「好きなことをやっていこう」ということだった。その想いをずっと抱え、アラスカの自然と人に真摯に向き合うその体から発せられる言葉は、どこまでも説得力をもって、語りかけられるものだった。ようやく見ることのできたオーロラの輝きと、星野さんの言葉を抱きしめながら、帰りの飛行機に乗っている間、自分のほんとうにやりたいことはなんだろうか、再び考えていた。

★出逢いは人生の糧

アラスカへの想いを強くしていた傍ら、「どれだけ時間がかかっても北海道を全部まわろう」

という高校時代の決意は、サイクリングクラブで活動していたことで、だいぶ実現していた。北海道の大きな自然、自転車での一人旅や仲間とのツアー、アラスカへの旅、そして札幌での毎日から、私は自身の人生にとって一番大事なことを教わったように思う。それは「出逢いは人生の糧」ということ。旅先での風景や自然・人、共鳴できる友、逢いたいと強く願う相手、人々が積み上げてきた知やその表現物……いずれも自身を感動させてくれるものとの出逢いによって、人は育てられるのだ。だから、自分が体験するものすべてによって、「私」はできあがっていく。心動かされるものにしたがって、一つでも多くの体験をする人生を生きよう、と。

大学4年生は、当然のことながら、その先の自身の将来についていろいろと考えたときである。1年生のときから、「オーロラの研究をしたい」と周囲に触れ回っていた状態だったので、周囲にとっても自分にとっても、大学院に進んで研究することは自明のことのように思えた。私の場合、「オーロラの研究をしたい」ということと「アラスカに住みたい＝アラスカ大学の大学院に行きたい」をごちゃまぜにしながら、〝夢〟を追いかけていたような状態だったが、現実は、オーロラの研究に必要なプラズマ物理学や電磁流体力学さえまともに勉強しないまま、片言の英語でアメリカの研究生活を送るなど、とんでもない話であった。ベストタイミングで、日本のオーロラ研究の第一人者であったK先生が名古屋大学の研究所に赴任するので、「ぜひうちに来なさい」と誘ってくださった。大変ありがたい話であるのと同時に、自分が思い描いていたものをあきらめるという初めての経験でもあった。

大学院の入試に向かって勉強していた4年生の8月のある日、北海道らしい緑の風があまりに気持ちよく、部屋の中にいることができずに、北大植物園のお気に入りの場所にいって、本を開いていた。物理の教科書と一緒に持っていた本は、稲本正『森からの発想─サイエンスとアートをむすぶもの』※4。著者の稲本氏は、もともと物理の研究者でありながら、あるとき飛騨の匠の修行にはいることを決め、森での生活を通して、人と自然の関係性を考え、環境教育という新しい分野を切り開いてきた人である。自然とともにある生活のありようや、「サイエンスとアートをむすぶ」という概念に、心を奪われた。

こんな風に心を動かすものたち、北海道で培われた、自然への狂おしいほどの想いや、森への憧れ、心に響く音楽や文学など、サイエンスだけではなく、自分が大好きなものをなるべく捨てずに生きるにはどうしたらいいのだろう、と考えた。あれだけ「オーロラの研究をするんだ」と言いながらも、自分はほんとうに研究者になりたいのか？　という自問も実はずっとあった。

そして、「そうだ、ミュージアムをつくろう！」と思いついた。そのときの木漏れ日がなんと美しかったことか。稲本氏の「サイエンスとアートをむすぶ」という発想や、地球や人々に寄り添う活動、そしてミュージアムという言葉がトリガーとなり、私は、「オーロラミュージアムをつくれば、オーロラを科学から見ることも、写真や絵画で表現することも、音楽や言葉で表現することもできる。多分野をつなぐことができる」と考えたのである。

これは、とてもいい考えに思えた。自分自身のミュージアム体験はたいしてあったわけでもないのに……。しかし、このときの「直観」が、ある意味、その後の人生のほぼ軸となってしまったのである。そして、その根っこには、「好きなことをやって生きていこう」という星野さんから学んだ精神があった。

けれども、お金も経験もない。そもそも、自分は「オーロラの研究をする」とみんなに触れ回っているのだ。いきなり方向転換をする必要もないように思えた。とりあえず、勉強して大学院にいって、オーロラの研究をやらなければ。大学院の5年間は、刺激的な得難い体験であると同時に、人生のどん底とも言える時期の混在であったのは、プロローグで述べたとおりである。

大学院での経験は、めぐりめぐって「そうだ、ミュージアムをつくろう」と思いついた自分にもどってくるのに必要な時間だったのだと思う。そして、あらゆるジャンルをまたぐ「ミュージアム」という発想が、のちの自分の仕事の一番のキーワードである「つなぐ」を生みだしていく元でもあったように思う。

2 子どもたちの宇宙を原点に

娘の小１のときの作品。「おつきさまでグーグーグー」

私はふたつのことに畏敬の念を抱いています。
満天の空と自分の中にある宇宙です。

アルバート・アインシュタイン※5

★プラネタリウム1年目

1997年4月、私は開館を1年後に控えた山梨県立科学館の準備室に非常勤として配属された。実は、私は驚くほど星座の名前を知らず、プラネタリウムのこともほとんど知らなかった。あったのは「科学と社会をつなぎたい」「いつかミュージアムをつくりたい」という思いだけ。社会人であること、プラネタリウムの解説、機械、番組制作……どれをとっても経験ゼロなのに、準備室内では、「プラネのことはすべて任せるよ」という状況。助けてもらったのは他のプラネタリウム館の諸先輩方だった。あちこちのプラネタリウムを見に行き、研修をさせてもらった。就職と同時に入籍していたが、夫は仙台にある大学の教員だったので、研修名目で仙台市天文台や仙台こども宇宙館（現在は二つが統合されて、新しい仙台市天文台となっている）には1か月近くお世話になった。プラネタリウムは、来る人たちがとても幸せな気分になれる場所であり、なんて素敵な仕事なのだろう、ということを体で感じられる時間であった。

その後もいろいろなプラネタリウムを見学し、その帰り、山梨で見上げる本物の星空で星が探せるようになったことを無邪気に喜んだりしつつも、プラネタリウムの解説が、すんなり心に入ってくることとそうでないことがあることに気づくようになった。私はプラネタリウムで、ギリシャ神話が前提なく語られることに、何かしらの違和感を感じていた。星をむすぶ線、星座の名前、星座にまつわるお話……。プラネタリウムならば、必ずといっていいほど語られる。それを面白く話す名解説者はたくさんいるのだが、それが語られて腑に落ちたという経験があまりなかった。

それはつきつめて考えると、「これは、私に何の関係があるのだろう」という感覚なのかもしれない。「面白さ」の種類は多様であり、人それぞれに面白いと思う感覚もさまざまである。「おもしろおかしい」ことがいいこともあれば、「あらたな視点を得た」、「興味が引かれてもっと知りたい」、など、一人ひとりにとっての「面白さ」は当然のことながら違う。「私」に関係があってもなくても、面白いものはあるだろう。けれども、私は、自分が面白いと思うことや腑に落ちたことを伝えたかった。また、プラネタリウムという場は学ぶ喜びを感じる場であり、見た人の次の行動（例えば、実際の星空を見上げる、見聞きしたことを誰かに伝える、など）に影響することが理想であると思っていた。

★「学ぶ」とは「つながる」こと

では、人はどんなときに「学ぶ喜び」を得るのだろう。以前から「なぜだろう」と思っているものが、何かの拍子に解決できると、そこには大きな喜びがある。学ぶという行為の醍醐味である。

私が高校生のときに突然物理を好きになったのは、先生が素晴らしかったこともあるが、一つの「すごい！」という体験があったから。衝突球というおもちゃがある。五つの銀色のボールが、ピアノ線でぶら下がっていて、端の一つをはじくと、反対側のボールが飛び出て、それがまたもどって、真ん中にある球をつくと、また端のボールがはじかれる。それをずっと繰り返す。1個はじけば1個飛び出る。2個はじけば2個飛び出る。しかも、真ん中のボールは動かない。それがどうにも不思議だった。小学生のとき、それがなぜなのか、友達としばらく考えて、結論がでなかったという体験があった。それから6年ほどたって、その運動が「運動量保存の法則」で説明できることを知り、衝撃を受けた。あの不思議な運動が、たった一行のシンプルな式で表されるのだということに、とても感動したのだ。このような経験、自らがなぜかと不思議に思っていたことがわかったとき、自分の記憶と今の体験がつながったとき、あるいは、同じものを見ていても、視点が変わったとき……人はおのずと心を揺らす。言い換えれば、学ぶ瞬間とは、自身のそれまでの経験と、現在の体験したものが、〝かちっ〟とつながる瞬間のことなのだろう。

★星を自分の手に

星は自分といったい何の関係があるのか、ということを私は知りたかった。一方で、人々はいったい何を知りたいのか、プラネタリウムに何を求めているのかを知らなければ、解説はできないということにも気づいた。人々に学びの喜びを感じてもらうには、その前提となる、「経験」や「疑問」を知る必要がある。

山梨に来る前、就職先を科学館や博物館に探すためにあちこち手紙を書いていたころ、滋賀県立琵琶湖博物館がオープンした。のちに滋賀県知事となる嘉田由紀子氏が、当時、博物館を率いる立場にいた。彼女が、あるシンポジウムで、「博物館の自分化」という言葉を使ったことが、心に残っていた。博物館の展示が、いかに自分の生活に結びついているのか、そして、博物館を自分のものとして使い倒せるか……それが博物館の評価基準の一つである。そんな意味合いが含まれていたと思う。

どうしたら、「プラネタリウムの自分化」ができるか？　どうしたら、プラネタリウムを主体的な学びの場にすることができるか、学ぶ瞬間を提供できる場になるか？　そんなことを考えていた背景には、常に「私と世界とのつながりを語る」課題があったからかもしれない。そのヒントをもらうために、開館してすぐのころから、「質問コーナー」という箱を設置した。「宇宙や星のことなんでも聞いてね」と書いたその箱に、子どもたちがしきりに質問を書いて入れてくる。「星はなぜ☆と書くのか」「星は増えているの？　減っているの？」「星はなんのためにあるの？」「ブラックホールに入るとどうなるの？」……それこそブラックホールのように、尽きるところを知らない。

それにこたえていく作業はとても大変だったが、プラネタリウム解説者1年目の自分にとって、大きな気づきを与えられた機会だった。そう、「みんなに聞いてみればいいのだ」、ということを教えてもらったのだ。2年目には、こういった子どもの質問をもとにしたプラネタリウム番組をつくった。「宇宙の不思議はみんなの不思議」というタイトルだ。宇宙のことを不思議に思うということは、今、自分が生きている不思議を思うのと同じ。はじめて「原作」をかいた番組であった。

もらった質問用紙の一つに当時小学4年生の岩佐絵里さんからのものがあった。家が遠いので回答を見に来ることができないから、手紙で送ってほしい、と、住所がしっかり書かれていた。返事を送ったら、とても喜んでくれて、さらに10個以上の質問が返ってきた。質問とその答えを繰り返す文通は、しばらく続き、長期休みがくると、必ずプラネタリウムを訪れてくれた。彼女の訪問は、大人になっても続き、今やデザインの力を身につけ、私や仲間のために、オリジナルの星のTシャツをつくってくれている。２０１６年、私が科学館を退職した日、20年近く前の手紙をまとめた「宇宙の教科書」と書かれたファイルをもって会いにきてくれた絵里さん。かけがえのない出逢いの一つである。

★子どもたちの宇宙

プラネタリウムの内容を考えるときに、まず子どもたちに聞いてみようという発想は、その後、子どもたちが日常から自然に獲得する「素朴概念」に触れることにつながった。そもそも、幼児は、空にあるものをなんだと思っているのか？　遠いものと思ったりするものなのか。そういった概念を知ることが、きっと、小さい子どもたちにプラネタリウムを見せるときのベースになるのだろう、と。

そんな発想から、プラネタリウムで解説をする仲間（それぞれがみな、違う館に所属していた）が、７人集まって研究グループをつくり、子どもたちの概念に根差したプラネタリウム番組づくりに取り組んだ。ちょうど私が上の子を産むための産休・育休に入った前後のことだった。幼稚園の子どもたちに絵を描いてもらったり、遊びながら子どもたちの距離感をつかんでいくような方法を考案したり、小学校でも、粘土で星をつくってもらったり、「地球はまわっていると思う？」「太陽は沈んだあと、どこに行く？」という質問に答えてもらったり……。

「子どもたちの宇宙」はどこまでも発想豊かで、素晴らしかった。「地球はまわっていると思う？」との質問に、「地球がまわると私が落ちちゃうから回っていない」「流れ星だって動けるんだから地球も動く」などのユニークな言葉がたくさんあふれ出る。「太陽は沈んだあとどこに行く？」という問いに対しては、太陽がだんだんと月になっていって、そこから再び太陽になる（昼から夜へ、そして再び朝に）絵が出てきたりする。

子どもたちは、一生懸命に理由を考える。ありったけの自分の語彙や概念を駆使して、それに説明をつける。私はここに、人間が長い間積み上げた科学の歴史を見るような思いさえする。人々が科学を生み出してきたのは、この世界がどうなっているのか納得する物語がほしかったからではないだろうか。

世界は不思議に満ちている。その不思議を、なぜ、どうして、と思わずにはいられないのが人間であり、それを説明したいのが、人間の性《さが》なのだろう、と。子どもたちの宇宙は、そんな科学の本質をちらりと見せてくれているように思うのだ。

3 「オーロラストーリー」が生み出したもの

欧州最高峰・マッキンレー山にかかるオーロラ。（撮影：渡辺直史）

テクノロジーは人間を宇宙まで運ぶ時代をもたらし、自然科学は私たちが誰であるのかをたしかに解き明かしつつある。それなのに、科学の知はなぜか私たちと世界とのつながりを語ってはくれない。それどころか、世界は自己から切り離され、対象化され、精神的な豊かさからどんどんと遠ざかってゆく。私たちは、人間の存在を宇宙の中で位置づけるため、神話の力を必要としているのかもしれない。

星野道夫※1

★科学を物語る

1996年8月8日の星野道夫さんの突然の訃報の後、「アラスカ」と「オーロラ」に憧れ、夢を追いかけて一生懸命生きてきたつもりだった自分とは、いったいなんだったのかと、自分をすべて見失ったような時期を過ごしていた。博士課程3年目の迷える大学院生だった。1か月ほど、どうにも暗闇から抜け出ることができず、アラスカに行って考えよう、と思い立った。帰りの飛行機の中で、「アラスカ=象徴」という言葉が思い浮かぶ。私は星野さんを通じてしか、アラスカを知らない。何かとても大切なキーワードではあるけれども、私はアラスカに住む必要はない。自分の足で立てる場所を探さなければ、と思った。１９９０年の初めてのアラスカが自分にとって一つの時代の始まりだったように、今回のアラスカがきっとその時代の終わりと新たな時代の始まりをつくる、そんな気がした。

そのときに、あらためて読み直していた星野さんの本の中に、冒頭の文章を見つける。これはまさしく自分の問題であることに気づいた。「オーロラの中をどれだけの電流が流れているかを計算することが、私の人生にとってどれだけ大事なのだろう」と思ったときに、さほど大事ではないという結論を出した私。オーロラの科学的知見と、人間をつなぐ物語が、そのときには描けなかったのだ。けれども、科学の知見をただ説明するのではなく、科学を物語ることができたとき、自分に深い納得がやってくるのではないか、と思い至る。このときの直観がある意味、その後の20年の仕事を支えていた、といっても過言ではない。

自然科学は、人間の力を遥か超えたところに存在する自然現象について、「それを司る法則を見出したい」「意味を理解したい」という好奇心に支えられた営みである。その先にはいったい何があるのか。全宇宙の理解だろうか。しかしそう思っている研究者はそうはいないだろう。少しでも理解したいと思っている一方で、何かがわかると、またその倍ぐらいにわからないことが出てくるということを彼らは知っている。宇宙全体で起きているすべての現象のうち、私たちが何割ぐらい理解し、何割わかっていないのか、それさえもわからないのだ。いつまでも探求は続く。世の中は不思議に満ちていて、おそらくいつまでも続いていくだろう。その不思議さが、自然に対する畏れを教える。自然の不思議さと人間の感情としての畏れ、また自然に対する懐かしさや愛おしさ、そういったものを対立させず、静かにつないでみたい。星野さんの死は、私が向かうべき道に光をあててくれた。そして、その翌年、私は、「科学を物語る」のに最適ともいえるプラネタリウムという場に出逢ったのである。

★科学と神話をつなぐ

山梨に来ることが決まったのは、1997年3月。研究を半ば投げ出してきた私にとって、その事実と向きあいながら「自分の仕事」をしていくには、山梨という地に足をつけて、自分で選び取ったこの道を全うすること、それしか方法がない、と思っていた。

新たな場所で出会った「プラネタリウム」は想像以上に素晴らしいメディアだった。私がそれまでに漠然と考えていた理想のミュージアム――科学も音楽も芸術も文学も全部つながるところ――に近い、総合芸術の場ともいえるものなのだ。プラネタリウム番組という、星、映像、言葉、音響、を組み合わせて展開する作品づくりを通して、科学とそれ以外のものを融合するのに、最高のメディアとさえ感じるようになった。

科学館準備室の1年を経て、1998年に科学館が開館、仕事がのってきたころに、子どもができ、仙台での半年の産休・育休をとって復帰したのが2000年4月。いずれオーロラと向き合わねばという思いが実現したのが2001年。「オーロラストーリー」という、星野さんを主人公に設定した話が展開されるプラネタリウム番組を制作したのである。これは、星野さんを追いかけ続けてきた自分の時代の一つの区切りをつけるものでもあり、「自分の問題」にできなかったオーロラの研究に再度向き合う作業でもあった。そしてもちろん、見ていただく人たちに「オーロラの科学を物語る」ものでなければならなかった。

舞台はルース氷河。極寒の中、彼はマッキンレー山の上に舞うオーロラを待ち続け、その間、オーロラ研究者との対話を思い出したり、先住民のオーロラ観を回想したりする。「科学」でわかっているオーロラは、一言でいうと「宇宙へ開かれた窓」。オーロラを光らせる粒子は、ある限られた場所のみで、地球の大気にぶつかって、オーロラをつくりだす。つまり、オーロラの現れるところは、宇宙と地球をつなぐ場所である。一方、先住民の語るオーロラは、「死者があの世へ向かうとき、ワタリガラスがたいまつの火で照らしてくる。それがオーロラの光だ」と。「宇宙への窓、死者があの世へ渡っていく架け橋、地球と宇宙をつなぎ、生と死をつないでいる」という言葉が、ハイライトシーンで語られる。そして1か月待った彼の頭上に狂わんばかりのオーロラが舞い、ある想いに到達する。

「ふたつのことが重なった。人工衛星を飛ばして宇宙を理解しようとする試みも、先住民のように、『自らの存在の意味を問い続ける』※6物語も、どちらも人間が作らずにはいられなかった、『神話のような気がしてならな』※6い」。宇宙に存在するもの、星、あらゆる生命、無機物、人工物、そして自分。これらはすべて何かしらの関係性によって結ばれている。その関係性こそ、自分という存在を宇宙全体の中で位置づける、一つ一つの要素なのではないかと思う。こ の関係性が多様であればあるほど、複雑であればあるほど、それは不思議と素敵に満ちてゆく。それを解釈する手段としての科学と、納得する手段としての神話。これらは対極にあるように見え、実はそのきっかけも、究極的な目的も同じなのではないか、という問いかけが、このストーリーの軸であった。

もう一つ、このストーリーで伝えたかったことがある。マイナス50℃にもなる極寒の土地で、1か月もの間、たった一人で、彼はなぜオーロラを待ち続けたのか。長い時間の中で、十分に宙《そら》と対話し、「ひれ伏すしかない」満天の星空やオーロラの神秘的な光の中に、自分の存在の意味を見出していたのに違いない。ストーリーの最後は、この言葉で締めくくられる。

「ぼくは、〝人間が究極的に知りたいこと〟を考えた。一万光年の星のきらめきが問いかけてくる宇宙の深さ、人間が遠い昔から祈り続けてきた彼岸という世界、どんな未来へ向かい、何の目的を背負わされているのかという人間の存在の意味……そのひとつひとつがどこかでつながっているような気がした。

けれども、人間がもし本当に知りたいことを知ってしまったら、私たちは生きてゆく力を得るのだろうか。それとも失ってゆくのだろうか。そのことを知ろうとする想いが人間を支えながら、それが知り得ないことで私たちは生かされているのではないだろうか」※6。

来館者の感想の一つを紹介したい。「『科学とは』ということを、とても根源的な『人とは』『いのちとは』という視点を見失うことなく語っていると思った。表現するときに一番大切なことは『想い』だと思う。それが心の深みまで届いてきた。」とてもありがたい言葉だった。

★生きている不思議、死んでいく不思議、出逢う不思議

「オーロラストーリー」の制作は、自身の一つの時代の終わりであり、そして始まりだった。この番組のおかげで、ある雑誌の「星野道夫特集」※7に、寄稿させていただいた。

「少し唐突だが、映画『千と千尋の神隠し』の主題歌『いつも何度でも』の中に、『生きている不思議、死んでいく不思議、花も風も街もみんな同じ』というくだりがある。これを聞くたびに、私は星野道夫を思う。生きていることの不思議さを思う、探究する、考える……このことは、〝生命の大切さ〟を説くより、何倍も、他者のいのちの存在を感じ、謙虚に生きること

を促すのではないだろうか。」これは、1章で紹介した星野さんの言葉「ぼくは不思議なものがいつまでもたくさんあってほしいんです。」に通じるものがある。

「生きていく不思議、死んでいく不思議」と書いたのは、詩人・音楽家の覚《かく》和歌子《わかこ》さんである。これを引用したときには、彼女が山梨県出身ということさえ認識していなかったが、その3年後に、私は彼女と知り合い、「星つむぎの歌」という大プロジェクトを行うことになる。

さらに4年後、「オーロラストーリー」の完全リメイク版「オーロラストーリー〜星野道夫・宙との対話」を制作、この音楽を作曲家・ピアニストの小林真人さんにつくってもらった※8ことは、現在の私の活動の大きなきっかけになった。星野さんは、その肉体を失ってもなお、出逢いをつくりだし、人をつなぎ続けている。「オーロラストーリー」は間違いなく、私のプラネタリウム人生の土台を作ってくれたものだった。

4 心の中の星空をドームに

――プラネタリウム・ワークショップ

プラネタリウム・ワークショップの一コマ。（撮影：跡部浩一）

表現することは人間であることの基本ではないか。
伝えようとするところに受け手がいてくれることで
自分が誰かを確かめている。

覚 和歌子※9

★人々が主体的に関わるプラネタリウム

「プラネタリウムの自分化」という言葉は、プラネタリウムで仕事をはじめてからずっとキーワードとしてありつづけた。来館者に、いかにプラネタリウムに主体的に関わってもらえるのか。そして、主体的で自由な学びの場にできるのか……。

プラネタリウムの仕事をはじめて6年ほどたった2003年ごろ、プラネタリウムの仕事の現場とは別に、教育やアート、あるいは、まちづくりなどの政策でも使われる「ワークショップ」という方法論、いわゆる参加体験型の学びや話し合いのスタイルについて、刺激をもらう機会が非常に多かった。二人目の子をお腹に抱えながら、4歳の息子をつれて参加した「全国教育系ワークショップフォーラム」というイベントは、それまで種だった想いが芽吹く大きなきっかけとなった。そのイベントの中心人物でワークショップ企画プロデューサーの中野民夫氏は、その著書※10の中で、ワークショップを、「講義など一方的な知識伝達のスタイルではなく、参加者が自ら参加・体験して共同で何かを学びあったり創り出したりする学びと創造のスタイル」と定義している。加えて、そこに集う人たちの「相互作用」がある、ということにも触れている。

一方、当時、日本プラネタリウム協会の会長をやっておられた若宮崇令《わかみやたかのり》氏（元川崎市青少年科学館館長）が、「見るプラネタリウムから使うプラネタリウムへ」ということを呼びかけていた。来館者が受動的にプラネタリウムを見るだけではなく、プラネタリウムを使って解説をしたり番組をつくったりすることで、プラネタリウムをもっと深い学びの場にすることができる、ということを、ことあるごとにお話ししていた。それにも深く共感し、どのようにしたらそれが実現できるだろうか、ということをいろいろと思い巡らせていた。

前述したように、私はおおよそ直観で生きている人間である。人生の選択にかかわることもそうだが、その後に大きなものごとをもたらす小さなアイデアが「ある日降って」くる。もちろん、これは無から生まれるのではなく、なにかが「つながる」ときに生まれるものだ。

２００３年10月７日、「とてもいいこと」を思いついた。それは、自分が日ごろから接している「プラネタリウム」と、「ワークショップ」をつなげただけの「プラネタリウム・ワークショップ」というアイデア。プラネタリウムはほぼ、一方的な知識伝達スタイルが典型的なものであるが、そこに、相互作用やコミュニケーションが大前提である「ワークショップ」という相反する概念をつなげてみたのである。それを思いついた日、大阪にいる友人に興奮したメールを送っていて、そのメールがまだ手元にのこっているので、日付もばっちりわかる。二つの言葉を結びつけただけだったが、そこには副題があって「星と人の関係性を取りもどす」というものだった。そして、そのメールにあった言葉は、「自分の星座づくり、スライド&朗読ワーク、スターナビゲーション、音の持つ力、生命の根源とつながり、関係性の物語、自己表現の場としてのプラネタリウム……」一見この意味不明な言葉の数々……を理解してくれそうなのは、当時、このメールの相手ぐらいしかいなかったのだろう。けれども、日本中のプラネタリウムのどこでもきっとやっていないことであり、それが全国に広がっていくかもしれない様子を思い描いて興奮し、その夜は眠れないほどだった。プラネタリウムが受動的ではない、人々が主体的に表現できる場になる。プラネタリウムというメディアを特徴づける「ドーム空間・星空・暗闇・言葉・音楽・映像」という場の力を使って、人々のコミュニケーションの場、表現の場としていけるだろう、と思った。

前例のない、しかも概念さえないものを実行するのは、特に公共施設という場にあっては、なかなか困難をともなう。しかし、幸いにも、当時の上司にあたる人は、この興奮を話せる相手だった。一人と二人はだいぶ違う。正直なところ、彼も私が何に興奮しているのか理解できなかった、という。ただ、「髙橋さんがこんなにうれしそうにしゃべっているのだから、きっと何か面白い企画になるのだろう」と思った、と。この企画を後押ししてもらったことが、のちの大きな仕事の数々に結びついていった。

★星を見て何を想う

人々にとって「星を見上げる」ということは、どういうことなのか……。これを、あらためて考えさせてくれたのは、このワークショップから出てきた、参加者の言葉によるものが大きい。「思い出の星空を語ろう」というテーマで行ったワークショップでは、まずは、二人一組で星を見上げた記憶をひきだし合い、その思い出の日の星空を映し出しながら、皆の前で語るという時間を持った。中学生の男の子が、友達と見た流星群がわすれられず、その友達とは一生つきあっていけると確信した話。母親と一緒に富士山のふもとで満天の星を見て、そこに流れた星が死んだお父さんだったね、と確認しあった話。全盲の女性が富士山に登ったとき、一緒にいた友人が、その頭上に広がる満天の星を見て「すごい星。とにかく、すっごい星」と何度も言うのを聞き、彼女をそこまで感動させる星っていったいどんなものなんだろうと思った、という話。これは、全盲の彼女の、初の星体験と言えるものだったのだろう。

私は参加者たちの「星の記憶」に圧倒されてしまった。単にきれい、というだけでなく、「誰かとともに」あるいは「誰かを思いながら」見たというエピソードがほとんどだったというのも特徴的だ。人は、星を通して、人を見るのだ、と教えられた時間でもあった。この経験は、のちの「星つむぎの歌」(7章参照)や「Memories—ほしにむすばれて」(13章参照)などの企画の原点となった。

「星空句会」を行った年もある。「菜の花や　月は東に　日は西に」という与謝蕪村の俳句は、そこに大きな丸い月という表現はなにもないのに、満月近い月が菜の花畑に光をさしながら昇ってくる様子が目に浮かぶ。そんなふうに、自身が見上げた星空を、5・7・5で切り取ってみよう、という試みだ。

「オリオンに　会える日夢みて　月めぐる」

「しぶんぎを　四つ数えて　初寝坊」

最初の句は、月の女神・アルテミスと、狩人オリオンの悲恋話を描いている。兄・アポロンにだまされ愛するオリオンを自らの手で殺してしまったアルテミス。あわれに思った大神ゼウスが、オリオンを空の、月の通り道の近くにあげ、月に1度、アルテミスとの会合をゆるしたというお話である。その話を思いだしながら、実際の月が星の宿をめぐっていくさまを見ると、なんともいとおしい。その心を知っての句だ。

2番目の句は、毎年1月4日ごろをピークにやってくる「しぶんぎ座流星群」のこと。しぶんぎ座流星群は、よく出現する年とそうでない年が極端にちがう。この年の「不発さ加減」がなんともいえず伝わってくる。

2004年に私の直観で始まったプラネタリウム・ワークショップは、私が科学館を退職した2016年3月まで続いた。実施した回数は、32回。言葉による表現以外にも、打楽器、オルゴール、ダンス、演劇、手話、絵本、粘土……などあらゆる手段をつかって、宇宙や星を感じながら「表現」して「共有」することで、毎回、新しい驚きや感動を重ねてきたのである。

★イベントからコミュニティへ

2004年の初回のワークショップを終えて、自分はこういうことをとてもやりたいと思っていたのだ、としみじみしたことを覚えている。参加者同士が大人も子どもも対等で、刺激しあいながら、表現をし、共有する。だれが先生でも生徒でもない。おのずと、知りたいことや考えたいことが生み出される場。これが、イベントで終わるのはもったいないと思い、初回ワークショップに参加した人たちに「企画して作品をつくりませんか」と呼びかけたところ、5

人が手をあげ、夏休み特別プログラムの作品づくりを始めた。

これは想像以上に大変な作業であった。思いだけはあるがスキルはほぼゼロの素人が、大きなドームで投影する作品をつくる、というかなり無謀な計画であった。しかも、私はその年の6月に長女を出産し、産休中の身だったのである。「プラネタリウム・ワークショップ」に価値を感じ、その後の活動に共感してくれた上司――それ以降、さまざまな場面で一緒に仕事をすることになる跡部浩一さん――がいなかったら、計画段階で早々に潰れていただろう。制作期間、何度となく制作メンバーとともに「午前様」を繰り返した跡部さんが、このグループに「星の語り部」と名前をつけた。「プラネタリウム空間が持つそんな『潜在的な可能性』を、なんとか表に引き出す小さなチャレンジ」「これほどまでに思いを共有できる仲間ができたということのなんとすばらしいことか!」と、メンバーはレポート※11で、語っている。

そのようにして誕生した「星の語り部」は、その後も、ワークショップでなにかのヒントを得ながら、毎年、作品をつくるようになった。企画、シナリオ、絵、音楽、演奏、ナレーション、そのすべてをメンバーが担当する、主体的な活動へと成長した。ある年には、6歳のなおちゃんが書いた詩に触発された大人が、それをもとに作品づくりをしたこともあった。その詩が以下である。

うちゅう人とあいました

うちゅう人といっしょに　うちゅうで一ばん　おいしいおかしをたべました
あそびました。かくれんぼしました。星のなかをのぞいてみました。
星のなかにかくれてみました。
そしたらうちゅう人にみつかって　こんどはおにごっこをしました
ずっとおともだちです。
そうなったらいいな

うめもとなお（6歳）

その後、プラネタリウム作品づくりのみならず、視覚障害を持つ仲間たちとも出逢ったことで、宇宙や星空の体験をしにくい人たちにも星空を、という活動に発展したり（8章参照）、「ほしのうた」※12という楽曲づくりに参加したり、市民による星空文化の発信を次々に行うようになった。それは、２０１６年の現在、「星つむぎの村」（エピローグ参照）に引き継がれている。

この集まりは、一人ひとりにとっての「居場所」でもあった。星によってつながれ、表現と感動を共有する。そこには、受容という空気がおのずと生まれた。人は自己表現をし、それを他者に受け入れてもらうことなしに生きていくことができない。プラネタリウム・ワークショップをきっかけに、発展したこのコミュニティの受容の空気は、星の力に支えられながら、人が表現しあうことの喜びによって生み出されたものなのだろう。

5 星空が教えるめぐる時

めぐって必ず昇る朝日。（撮影：跡部浩一）

無窮《むきゅう》の彼方へ流れゆく時を、めぐる季節で確かに感じることができる。自然とは、何と粋なはからいをするのだろうと思います。一年に一度、名残惜しく過ぎてゆくものに、この世で何度めぐり合えるのか。その回数をかぞえるほど、人の一生の短さを知ることはないのかもしれません。

星野道夫※13

★一晩の気づき

これまで、何度となく星を見上げる体験をしてきたが、プラネタリウムの仕事に携わるようになって間もないころ、自身にとって大きな体験があった。１９９８年のしし座流星群の夜、星がひとつふたつと現れる夕暮れの時間から、夜明けが来るまで、寝転んでひたすら空を見つづけた体験。このとき、たくさんの流れ星が出現するだろうとメディアで報道され、多くの人が屋外に出向き、夜空を見上げた。私は、八ヶ岳山麓の明野村（現在の北杜市明野）の農道に車を止め、車のボンネットに乗って寝袋にくるまりながら一晩を過ごした。

普及がはじまって間もなかった携帯電話を持って、科学館によく来ていた天文好きの高校生と、見えた？　見えないね？　という会話を何度かやりとりした。星って、はなれていても一緒に見られるんだな、ということも、このとき改めて実感したのかもしれない。

研究者たちの予想に反して、流れ星の大出現はなかったが、明け方に、大きな火球（流れ星の大きなもの）が流れ、その流星痕は、いつまでも空に残り、この年のしし座流星群のハイライトを飾った。翌朝の新聞には、その流星痕のカラー写真とともに、大きな流れ星に感動した一般の方のコメントが載っていたが、私がこの一晩で学んだことは、何よりも「星はひたすらめぐっていく」ということだった。

「星の動き」は、小学校で習う。そして、宿題でノートにカシオペヤ座の位置などを書く。地上の目印を書きなさいと言われるが、それと空にあるものがうまく一枚に収まらない故、私の場合、その単元は全然面白くなかった記憶しかない。

ところが、一晩寝転びながら星を見つづけた体験によって、「私たちは宇宙の中の小さな地球にへばりついて、地球と一緒にまわっている存在なのだ」ということを、生まれてはじめて体で知ることができた。地球全体に流れる「時間」を感じたのだろう。「私、生まれ変わったかも」という気持ちが湧き出るほどの、「はじめての朝」を迎えた気分だった。朝日がとてもまぶしかった。

★目に見える時間

時間というのは、不思議な存在である。過去というのはいったいどこへ行ってしまうのか。時間は、無限の過去から無限の未来に一直線に伸びていくものなのか……。

理論物理学者の佐治晴夫先生は、その著書『14歳のための時間論』※14の冒頭でこう問いかける。「ここで、わかっていることは、〝いま〟という、この瞬間に、過去や未来について考えているあなたがいる、ということだけです。〟〟そういってみても、『〝いま〟という瞬間』とは、どういうことでしょうか。（中略）『時間というモノ』、つまり、『瞬間というような時間の粒々』があるのでしょうか。」

そんな、とらえどころのない「時間」。それを人々は、「見えない『時間』の流れを、『空間』の姿におきかえて測ってきた」（同著）のだ。つまり無限の過去から無限の未来に伸びていくかのような「時間」を、人間は何かで規定する必要があった。そのとき、一番の手助けになったのは太陽・月・星がめぐってもとに戻るというその周期である。太陽は毎日、昇っては沈み、再び昇る。月は満ち欠けをくりかえし、新月から毎日少しずつ太り、満ちてふたたび新月に向かう。星座は、毎日1度ずつ西へとずれながら、正確な季節を刻み、1年たって同じ位置に戻ってくる。人々は、それらをつぶさに観測し、1日、1か月、1年というその〝ものさし〟を手に入れ、暦をつくった。地球がくるりと一回転して1日（自転）、月が地球の周りをまわって1か月（月の公転）、地球が太陽の周りをめぐって1年（地球の公転）。もしこのめぐりがなかったら、私たちは「世界共通の時間」という概念さえ持たなかったかもしれない。人間は、どんなにがんばっても、その動きを遅らせることも、止めることもできない。それは同時に、抗うことのできない大きな自然に抱かれて、この空の下に生きる生き物たちが同じ時間を生きていることを教えてくれる。

★地球のリズム

自転が教える1日、地球の公転が教える1年、に加えて、1か月という長さを教えてくれるのは月である。月は地球からおよそ38万キロという距離を、およそ1か月かけてまわる。火星、木星、土星といった太陽系の他の惑星もそれぞれのまわりをまわっている衛星があるが、「惑星の大きさ：衛星の大きさ」の比率で考えると、月は、特別大きな衛星であることがわかる。その見かけの大きさも、満ち欠けの存在も、人々に圧倒的な存在感をあたえてきた。満月の日には○○が多い、という、人間の社会活動が月の満ち欠けに影響されているというような話は、枚挙にいとまがないし、怪しい話もたくさんある。

けれども、生命体としての私たちと月の間には、やはり切っても切れない関係がある。そもそもこの大きな月がなかったら、地球の自転速度はかなり速くなり、砂嵐が舞い上がり、生命を育む環境にならなかった、と考えられているし、月がその引力で、地球の海をひっぱったり手放したりしたことで、海はよりよく混ぜられ、生命の多様性のきっかけにもなっている。さまざまな社会活動にむすびつけて語られるのも、月が満ちて欠けてゆくそのリズムを、生命体として感じながら進化してきた故のことなのだろう。

もう一つ、月が私たちに与えてくれた恵みで忘れてはならないのが、季節の変化だ。季節の変化は地球の自転軸の傾きがつくりだしているが、その傾きが月の誕生に関わっていると考えられているのだ。月の成因として現在、もっとも有力な説は、今からおよそ45億年前、火星ほどの大きさの小惑星が原始地球にぶつかってできたとされるジャイアントインパクト説である。大衝突の際に、地球の自転軸は傾き、それを保ったまま太陽の周りを公転している。それゆえ、日本がある中緯度では、春夏秋冬という美しい四季の変化のある環境が生まれたのである。

太陽、月、星が作り出した、大いなるリズムの中で私たちは生きている。それを体と心で感じられること。それは、私たちの、「生きるために生きる」エネルギーに関わってくることなのだろう。私は、しし座流星群のあの夜に、言葉ではなく、エネルギーとしてそれを受け取ったような気がしている。

★星霜

２００６年に制作したプラネタリウム番組「星月夜～めぐる大地のうた」は、ひきこもり気味の青年が、山で一晩星を眺め、長いめぐりの中の「今」を生きようと気づく物語。山梨県出身で、星や宇宙を歌う、シンガーソングライターの清田愛未《まなみ》さんが書き下ろしたテーマ曲「星霜」は、めぐる時の中で誰かに出逢う奇跡をうたう。「星霜」とは、歳月を意味する言葉で、星は一年で天を一周し、霜も毎年降ることからやってきた、美しい日本語だ。

この曲を聴いた人からこんな手紙をいただいたことがある。

「周りに何もないところに寝転がって、広大な宇宙の中の小さな地球のささやかな引力というもので、かろうじてたっている自分。どちらが上でどちらが下なのか。すぐ目の前から広がるのに輝く星は遥か遠い。そんな空に吸い込まれそうになる。

そんな自分の心にある宇宙の声を聞いているような気にさせてくれます。こんな曲の中で星を見たいな、と心から思えました。」

地球上の生命に、同じように時間が流れていることを星たちは教えてくれる。それはやがて、今、生きているという実感に変わっていく。

「星霜」※15　作詞・作曲：清田愛未

氷の粒を夜空にちりばめて
あなたのための星月夜　きらめく世界
遠く永い星の瞬きは
繰り返してる命のらせん歌う

咲く花散りゆく花も　知っているでしょう
いつか星のゆりかごへ　還ることを

めぐるめぐる時間《とき》の中　星はめぐり　花は咲く
あなたとわたし　きっと　生まれる前はひとつ

めぐるめぐる時間《とき》の中　星はめぐり　霜は降る
あなたが生まれ　ふたり　ここで出逢えた奇跡　きっと

6 星を頼りに——ぼくとクジラのものがたり

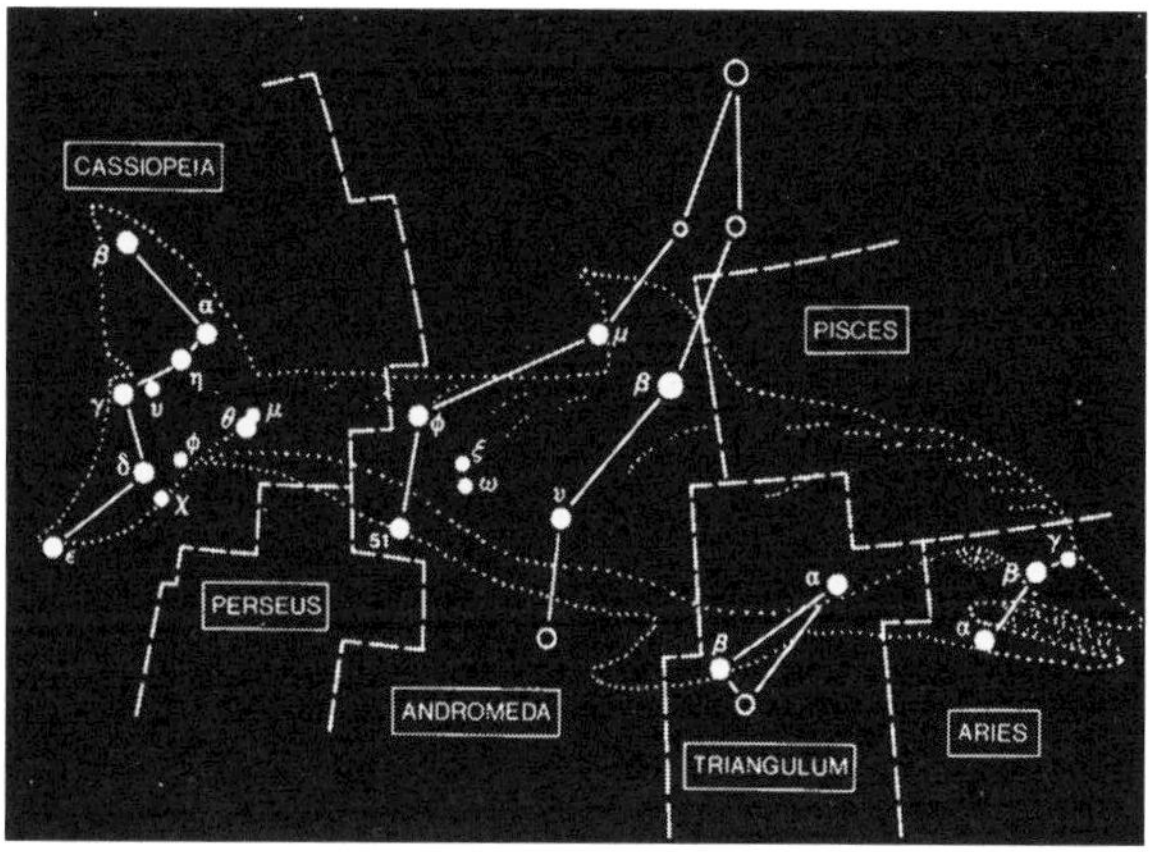

ミクロネシアの人たちが描く「大きなさかな」を意味する星座※16。

僕が最も感銘を受けるのは、祖先たちのバランスのとれた生き方です。彼らは無限の宇宙から海の水の一滴まで、すべてが大きな生命の一部分であり、すべてがつながって生きていることをよく知っていました。土地や自然に対して、よいことをしても悪いことをしても、必ず自分たちに還ってくることを理解していました。

ナイノア・トンプソン※17

★自分たちのいる場所

星は、人々に時間という概念を与えたばかりでなく、「自分はどこにいるのか?」という空間概念をも与えた。星を使って自分が今いる位置を知るための理論と技術は、中世の大航海時代に急速に発達した。星の高さから位置を割り出す「天文航法」は、何の目印もない大海原を旅していくのに、もっとも重要な航法の一つであった。

けれども、それより1000年以上も昔から、人は、星を見て海を渡るすべを知っていた※18。「スターナビゲーション」と呼ばれる、特に太平洋のポリネシアの人々が積み上げてきた知恵である。彼らは、単なる漂着をしたのではなく、高度な知識と技術をもって海を渡っていた。それらが事実として認められるようになったのは、20世紀も後半になってからだ。太平洋に散らばる小さな島々に、人種の均質なポリネシア人が住んでいるということが、西洋人によって〝発見〟されたのは、19世紀後半のイギリスのキャプテン・クックによる三度の航海によるもの。このポリネシア人たちの起源について、言語学、人類学、考古学、さまざまな研究からのアプローチによって、東アジア、あるいは東南アジア方面から移動してきたということが徐々に明らかになった。しかし、そこで一番問題になったのは、「彼らは、風や海流に逆って、どのように海を渡ったのか?」ということだった。風や海流による漂着の可能性が何度も研究されたが、ポリネシアの島々に均質に散らばることまで説明ができない。むしろ、彼らは意思を持って渡っていたのだろう、という仮説は、ポリネシア人の神話や伝説を説明しやすくなる。

その仮説を、しっかり裏付けたのが、1976年に始まった、古代のカヌーを復元させたホクレア号による長距離の航海であった。文化人類学者や、ポリネシア、ミクロネシアの航海士たちが協力し、古代のカヌーを復元して、文明の利器を一切使わず、タヒチ―ハワイ間の5000km近い長旅を成功させたのである。闇に浮かぶ星や風を切る鳥、海を渡る風だけを頼りにしながら。

ホクレア号のことを私が初めて知ったのは、「地球交響曲第3番」(龍村仁監督)という映画によってであった。「地球交響曲（ガイアシンフォニー）」は、自然とともに、また、自然の一部として生きる人々に丁寧にアプローチし、その生き方を描くドキュメンタリー映画。1997年、一般公開されてすぐに「3番」を見たのは、この映画の中心に、星野道夫さんがいたからだったが、他の出演者の一人に、ホクレア号プロジェクトの中心にいたナイノア・トンプソン氏がいたのだ。ホクレア号の復活をきっかけに、ハワイの伝統文化を残していく活動を精力的に行っている彼は、もともと航海士の血を受け継いでいたわけではなかった。「スターナビゲーション」に向き合った一つのきっかけは、ハワイのチャント（聖歌）にあたる「星の歌」が、自分たちの祖先の遥かなる旅を歌っていることに気づいたこと。「私たちはどこからきたのか」を歌っていたのだ。彼らにとって、星の存在は、命綱だった。星は人のいのちを守ってきたということを、何千年も伝わる歌が教えている。なんてすごいことだろう。

★星とクジラをつなぐ

映画を見てから長いこと「スターナビゲーション」は、プラネタリウム番組のテーマとしての憧れだった。伝統的航法の研究に長年携わり、「星空人類学」という分野を提唱する後藤明先生に出逢ったのは、2008年。出逢って、そのときがきた、とすぐに思った。スターコンパスと呼ばれる、ポリネシアの人たちが自らつくる星図、南十字星を「さかな」に見立てる独特の星座など、さまざまに興味深い話を聞いたが、一番心ひかれたのは、「海に浮かぶ小さな島々は、すべて夜空に浮かぶ星に対応している」という話だった。島の天頂にくる星が、それぞれの「守り星」。だから、明るい星を目指していけば、そこに必ず島が見つかるというのだ。彼らはそうやって、新たな島を見つけては住み、また旅に出ては島を見つけ、ということを繰り返し、太平洋全体に広がる民となった。タヒチの天頂に明るく輝くシリウスは、「アア」と呼ばれる守り星。南緯20度のタヒチから空を見上げると、星々は、東から北へのぼって西に沈んでゆく。6～8月の宵の北の空、オレンジ色に輝くうしかい座のアルクトゥルスがひときわ目立つ。それを目指した彼らは、やがてハワイに行き着いたというわけだ。ハワイの人たちは、アルクトゥルスに「ホクレア」(幸せの星)と名づけた。導きの星であり、島の守り星であったのだ。タヒチからハワイまでの伝統的航法を実現したカヌーの「ホクレア号」の名前はここからきている。

そんな話を聞いたころ、クジラの生態を、体験型の展示物にして巡回展を行っていた方がいた。クジラも以前から私の興味の中に大きな位置を占めていたものであったが、あらためて聞く「クジラの歌」や、生態の面白さに魅了された。「クジラ」と「星」は、同列に並べるべきものでないのにかかわらず、何か似た匂いがしていた。それは「悠久」という言葉が似あうところだろうか。「人間を導くもの」だろうか。その匂いを感じ、クジラをスターナビゲーションの番組に登場させようと思ったのである。そう思ってさらに調べていくと、ミクロネシアの人たちが持つ、独特の星座の中に、「イキンナップ（大きなさかな）」というものがあり、しかもその星座がどのような向きで見えるか、ということで、彼らの航海をゴーとするか、否かというチャントもあるということも知った。そのイキンナップは、そのしっぽの部分が、いわゆるカシオペヤ座なのだ。日本からでも十分見やすい星座である。そこから私がシナリオを書いたプラネタリウム番組「ぼくとクジラのものがたり〜星の海をわたって」は、以下のようなあらすじである。

主人公は小学生の「ぼく」。カシオペヤ座の動きを記録する宿題が面倒で、つい途中で眠ってしまった。寝すごしたことに気づき空を見上げると、突如として星の海を泳ぐクジラが現れた。どうやらふるさとの海を探しているらしい。ぼくは、クジラのふるさとを探す旅にでた。クジラの背中は、すべすべで温かい。

海に来たぼくたちは、目印もなくてどこにいるのかまったくわからない。そこに、星を頼りに海をわたるおじさんがカヌーにのってやってきた。おじさんは言う。「夜空には大事なことがたくさん書かれている。」おじさんはハワイをめざし、その島の上には、「しあわせ星」である「ホクレア」があるという。「島の真上に輝く星は、その島の守り星。」またミクロネシアのカロリン諸島に、クジラの星座を描く人たちがいることも教えてくれた。

クジラの星座がゆっくりと昇ってくるその姿にぼくははっと気づく。そのおっぽは、カシオペヤ座だ。ぼくにとって面倒な宿題の対象でしかなかったカシオペヤ座は、海の民にとって、自分のいのちを預ける対象だったのだ。クジラの星座がのぼるとクジラは歌を歌いだした。切なく、なつかしい歌。そしてクジラの温かい肌がぼくの体からすっと離れていた。

気づくと、ぼくは家の前にいた。カシオペヤ座が真上に輝いている。ぼくはあわててクジラの星座をたどり、こうつぶやく。「きみはぼくの守り星だったのか。」

★星の言葉を読み解く

ポリネシアやミクロネシアの人たちが、長年受け継いできたスターナビゲーション。これは、星空の言葉を読み解いてきた人々の知の財産だ。けれども、戦争や侵略の歴史の中で、その伝統を受け継げる人は、皆無になりかけ、彼らがその知の財産を持っていたことさえ歴史の中にうずもれそうになっていた。けれども、1000年以上前の「スターナビゲーション」の存在を力強く裏付けたのは、彼らが受け継いできた「星の歌」だった。彼らにとっての「星を見上げる意味」。それを自分たちにつなぎとめておくために、神話やチャントはなくてはならないものだった。ここに、人から人へ、伝わっていく手段としての物語の重要性を思う。それはそのまま、20年前に目標に掲げた「科学を物語る」ことに、私を向かわせるエネルギーになっている。

7 星で心をつむぐ——星つむぎの歌

土井隆雄宇宙飛行士が、スペースシャトル内で撮影した「星つむぎの歌」のCD。背景に、国際宇宙ステーションの太陽電池パネルと地球が見える。(© NASA)

うたを歌うための声だろう
演説するための声でなく
歌にすませるための耳だろう
何もかもを　聞き逃さないための耳ではなく

覚　和歌子※19

★覚　和歌子さんとの出逢い

「宇宙と詩はとても似ていると思っています」。2007年1月に、私が「宇宙連詩　山梨版を行いたい。ついては、詩のさばき役になってもらえないか」と、詩人・音楽家の覚　和歌子さんにメールをした返事がそれだった。そこが「星つむぎの歌」プロジェクトのはじまりだった。

JAXA（宇宙航空研究開発機構）がはじめた「宇宙連詩」という企画があった。「宇宙について、地球について、生命《いのち》について、国境、文化、世代、専門、役割を超えて共に考え、『連詩』を通して協働の場を創出していこうという試み」であった。ちょうどその試みがはじまった2006年、企画の中心にいた山中勉さんに出逢った。プラネタリウム関係者の集まる会合で、私の実践発表のあと、彼がまっすぐに歩いてきて、「大事な話があります」と言って、「宇宙連詩」のことを話し始めたのである。当時、プラネタリウム・ワークショップですでに「星空句会」、「思い出の星空」などの企画を行っていた私は、即座にこのプロジェクトの意味深さを感じ、山梨版をやろう、と心に決めた。そこから、山梨で8割以上のシェアを誇る山梨日日新聞に企画をもちかけ、一緒にやらないか、と提案したのだ。そして、連詩のさばき役として、山梨県出身の詩人である覚さん以外にこの役をやる人はいない、ということになり、冒頭の返事をいただいたというわけだ。奇しくも、彼女は、「ヤーチャイカ」という映画を制作中、その話の主人公は、天文台の女性職員、そのロケ地は、山梨県と長野県の間にある八ヶ岳の山麓だった。出逢う、というのはこういうときこそ、その意味を深める。覚さんはそれを〝シンクロニシティ〟（共時性）と呼び、私は「同じ軌道をまわっている」、と表現する。

「詩というスタイルで、世の中に広めたり後世に残したりするのはとても大変なので、歌にしたほうがいい」と提案してくれたのも覚さんだった。

★プロジェクトスタート

企画を考えはじめたころ、甲府市内の中学校出身の土井隆雄宇宙飛行士が、２回目のスペースシャトル搭乗にむけて準備をしていた。そのおかげで、宇宙連詩山梨版「星つむぎの歌」を土井宇宙飛行士への応援歌として位置づけることができた。「星を見上げて、その想いを言葉にし、みんなで歌をつくろう」と、山梨県内のみならず、全国にむけた発信がはじまる。「空の青さがなつかしいわけは」という、覚さんの最初の一文を投げかけ、それにつづくフレーズを公募する。何百と集まった言葉から覚さんに一つ選んでもらい、それにつづくフレーズをまた公募する、ということを新月と満月の日にくりかえし、半年かけて一つの詞がつむがれた。

実に幸せな半年間だった。不特定多数の人々に投げかける公募であるにもかかわらず、「星を見上げて書く」というシンプルな〝規定〟が、こんなにも人々の心の奥底で共鳴する普遍性を見せるものなのか、ということを教えてもらった。その普遍性とは、星々の下にあって人々は、よりよいものに近づこうとする、ということだ。そして、毎回公募するのは、たったの十五、六文字程度なのに、その背景にその人の物語が見え隠れする。その想いを文章で、あるいは絵で描いてくる方もいる。

半年間、毎回欠かさず応募してくださった市川八重子さん。数年前にご主人を癌で亡くし、彼の名前をペンネームにして毎回応募されていた。そうすることで、最愛の夫とともにいられる気分になり、毎回夢中になって考えたという。ご自身も病気になり、この歌が出来上がるまで、生きられないのでは、という時期もあったが、どうしてもこの歌が完成するまで生きたいと強く願い、病気を克服されたという。毎回応募してきた彼女は作品完成後、こんなメッセージを寄せた。「『満天の星空が、目に見えない星からもできているように、(応募された)すべてのフレーズがつむがれてこの歌ができました。』という覚さんにすべてを受けとめていただいたように思います。」あれからもう8年以上経つが、彼女とは、時折メールのやりとりをするおつきあいになっている。元気でいてくださるのがとても嬉しい。

他にも「忙しい毎日に星を見上げる時間をもらって、とても豊かな気持ちになれた。こんな素敵な企画をしてくれてありがとうございます。」「広い宇宙のことを思い、自分はちっぽけだな、ということにあらためて気づきました。」というようなコメントに、毎回ふれることができた。

延べ2690の言葉、それを半年かけてつむいだ詞に、財津和夫さんが曲をつけ、歌手の平原綾香さんが歌いあげた。その歌を、完成披露会のときに聴いた方々からはこんな声が聞こえた。

「私は星つむぎの歌のメロディーは、きっとぐ～っと心にくるようなメロディーだろうなと、そんなイメージを勝手にしていました。でも、そうではありませんでした。とっても素朴でした。すごくあたたかい歌でした。そして、とても大きな歌でした。山梨の素朴さ、山々に囲まれ、たくさんの人に包まれている温かさ、そこから星を眺めて、宇宙へと自然に広がる思い。そんなことが感じられる歌でした。」

「自分を突き抜けてすぅーと空高く宇宙まで思いを乗せて広がっていくような、そんな感じがしました。」

「81歳の母がこの歌を聞き、『ひとりで静かに聞いていたいような歌』と、感想を漏らしたのを聞き、きっとたくさんの人に愛されるのではないかという予感がしました。」

★宇宙に届いた歌

実は、土井宇宙飛行士のミッションが予定通りだったら、間に合わなかったのだが、打ち上げが数か月延期になったおかげで、完成したCDを土井さんが訓練しているNASA（アメリカ航空宇宙局）に届けることができた。土井さんは、CDを私物としてスペースシャトルに持っていき、背景に青い地球と建設中の国際宇宙ステーションの太陽電池パネルをうつしながら、無重力空間に浮かぶ「星つむぎの歌」CDの写真（章扉写真）を撮ってくださった。歌に関わってくれた2000人を超える方々への最大の贈り物でもあった。

サプライズは、もう一つあった。スペースシャトルは、90分で地球を一周するので、1日に16回も昼夜をくりかえす。宇宙飛行士たちが、きちんと睡眠をとって、一日の始まりに気持ちよく目覚めるために、「ウェイクアップコール」が流れる。そのウェイクアップコールとして、「星つむぎの歌」が流れ、NASAテレビを通じて、世界に発信されたのである。「僕らは一人では生きていけない」この歌のサビを聞きながら、土井さんは、青い地球を見て何を思っただろう。

★歌い継がれて

「星つむぎの歌」は、そのコンセプトを抱えながらプラネタリウム番組となり、絵本となり、ミュージカルにも発展した。2008年には、ライトダウン甲府バレー（2014年から「ライトダウンやまなし」に改称）という、町の明かりを消してみんなで星を見上げようと呼びかけるイベントに、土井隆雄さんと平原綾香さんが参加。大勢が詰めかけるその舞台と、ラジオを通しての声や歌。山梨県一帯に、「星つむぎの歌」の魂が流れたような時間であった。その日、平原綾香さんとともに、手話つきの合唱をした障害を持つ子どもたちがいる。次の年には、その子たちとともに東京での科学イベントで大合唱をし、「科学イベントでこんなに感動したのははじめて」という声をいただいた。その映像を見た人たちから、学校や地域で手話つきの合唱をするところが現れた。年を経ても、見知らぬ学校から、素敵な歌をつくってくださってありがとう、という便りが届くこともある。

こんな出逢いもある。兵庫県の支援学校の教員である定行俊次先生が、生徒たちの文化祭に行う劇を何にしようかと考えていたときに、「星つむぎの歌」の絵本を見つけ、気持ちを抑えきれない様子でメールを書いていらした。それを原作にし、先生が演出をした劇は、その会場全体を「僕らは一人では生きていけない」という共感で満たすものになった。定行先生とのおつきあいは、その後何年も続き、何度か学校で星の話をさせてもらっている。その度に、障害を持つ子どもたちが、星に出逢うことで変わっていく姿を見せてもらい、一人ひとりの成長をどこまでも見守っていきたい気分になる。

たかが星、されど星。あんなに遠くにあり、そこで瞬いているだけなのに、人を生かす。自身が星に携わるようになって、このプロジェクトほど、「星の力」を感じ、星は人をつなぐ、ということに確信を持つようになったものは他になかった。

「星つむぎの歌」が生み出した幸せの連鎖は、星につながれて、どこまでもつづいていく。

「星つむぎの歌」※20　作詞：星つむぎの詩人たち・覚 和歌子　作曲：財津和夫

空の青さが　なつかしいわけは
小さな僕らの昨日があるから
見上げることが　うたに似てるのは
夢の続きが　そこにあるから

かすかな声が　どうか届くなら
伝えたい　遥か旅立つ君に

僕らは一人では生きていけない
泣きたくなったら思い出して
風に消えない願いのような
星の光でつむいだ歌を

君の指先　ぬくもりのわけは

ひそかに波打つ鼓動のしるし
こぼれた涙　跡をたどるなら
それが明日の　星座に変わる

からだを超えて　祈りをつないで
ふたたびまた　ここでめぐりあえるよ

僕らは愛さずに生きていけない
こわれる心に　口ずさんで
同じ時代と　ひとつの空に
奇跡のかけらで　つむいだ歌を

僕らは一人では生きていけない
泣きたくなったら思い出して
風に消えない願いのような
星の光でつむいだ歌を

8 見えない宇宙を共有する

ユニバーサルデザイン絵本『ねえ　おそらのあれ　なあに？』を指で読む、星の語り部のメンバー。（撮影：跡部浩一）

「じゃあ秘密を教えるよ。とてもかんたんなことだ。ものごとはね、心で見なくてはよく見えない。いちばんたいせつなことは、目に見えない」

「いちばんたいせつなことは、目に見えない」忘れないでいるために、王子さまはくり返した。

サン＝テグジュペリ※21

★大事なものは目に見えない

見えていても、心がなければ見えないといったのは星の王子さま。見えないけれど、たしかに存在するもの、それを詠ったのは金子みすゞ。見えないものに価値をおける社会にひかれるといったのは、星野道夫。それらに影響されてか、「見えないもの」に対する、一種の憧れのような感情が自分の中にあった。そこには、想像力という言葉が必ず介在してくるからなのかもしれない。プラネタリウムという空間にあって、一番大事にしたいのは想像力。それが引き出せたとき、人々が口にする言葉の質は、格段に変わってくる。さまざまな作品づくりや解説を重ねる中でそれを感じてきた。晴眼者、つまり目が見える人は、受け取る情報全体の8割以上を、視覚から得ているという。けれども、その視覚情報があるゆえに、特に嗅覚や聴覚といった他の感覚をわざと鈍らせる機能が脳にはあるらしい。私たちは、何かものごとをじっくり考えたいとき、自然に目をつぶる。耳を澄ませたいときも同じ。だから、プラネタリウム番組の中で、大事なことを言葉で伝えるときは、映像をあまり動かさない。逆に、映像をしっかり見せたいときには、曲や歌だけで演出する。ドーム空間で映像があまりに動きすぎるのは、想像力を妨げる、というのは、自身の番組制作の信条のようなものだ。

★目を使わない仲間と

２００４年、プラネタリウム・ワークショップから派生した「星の語り部」の活動（4章参照）が動き出したころ、まだ当時は5人しかいなかったメンバーのひとりが、「目が見えない人にもプラネタリウムって体験してもらいたいね」と言った。公共施設であるのに、そういった人たちを無意識のうちに、排除している場所なのかも、ということに気づかされた。その提案を受けて、また別のメンバーが、「知り合いに見えない方（＝視覚障害者）がいるので、今度連れてきましょう」と。そうして間もなく仲間になったのが、市瀬實さんだった。当時、50歳を過ぎていた彼は、「これまで僕に星の話をしてくれた人は誰もいなかった」と言った。触ることのできないものについて、見えない彼らに何かを伝えることはとても困難なゆえか、あるいは周囲が遠慮してのことか、教育の問題か、それはわからない。生まれつき全盲の人にとって、世界への理解は視覚以外の感覚をフルに使っておこなわれる。肌で触る。東京から山梨までの距離は、乗った特急の体が感じるスピード感と、かかる時間で体が覚える。歩いていて、何か前方のほうにそびえたつものがあれば、おでこで感じる。

そんな彼らにとって、手の届かない星を見る、感じるというのはいったいどんなことなのだろう？　２００６年に行ったプラネタリウム・ワークショップは、「思い出の星空を語る」というテーマで行い、市瀬さんとその知人で、やはり生まれつき全盲の返田順子さんにも参加してもらった。そのとき、返田さんは、生まれてはじめて富士山登山をしたときのことをこう語った。「友達に手をひかれて、富士山に登りました。ご来光を見るため、夜登山をしていました。その友達が、登りながらも『すっごい星、とにかくすっごい星』と興奮して私に言うのです。こんなにも彼女を感動させる星というものは、いったいどんなものなのだろう、と思いました。」これが返田さんにとっての初めての星体験だった。目にしていなくても、返田さんは十二分にその友達から星のイメージを受け取ったのだと思う。しかも、最高の形で。

その話を聞きながら、ふと思った。そもそも目が見える人間にとっても、見える星の数は、宇宙全体のほんの一部。宇宙は深遠で、そのほとんどを私たちは見ることができない。宇宙という同じステージにたったときに、見える人、見えない人がともに想像力の翼で飛んでいくことができるのではないか、と。

★ダイアログ・イン・ザ・ダークの体験

そんな見えない世界を共有するために、「星の語り部」メンバーたちとともに体験したものがある。「ダイアログ・イン・ザ・ダーク」※22。暗闇の中の対話。目の前に手をかざして、一生懸命目を凝らしても見えない、照度ゼロの暗闇の中で鳥のさえずりやせせらぎの音を聞いたり、森や土の匂いをかいだり、お祭りの路地や駅のホームに出たり……ということを、視覚障害者のアテンドさんに案内されながら体験する。全盲の市瀬さんとともに、その暗闇に入る。さっきまで、市瀬さんの手が仲間の肩の上にあり、彼はエスコートされる側だったのに、暗闇に入ったその瞬間、他の人が全員、立ちすくんで前に一歩も足を出せないところを、「みんな大丈夫?」と市瀬さんの元気な声がこだまする。見事な逆転劇だった。たったカーテン1枚を経ただけで、ケアする側とケアされる側の関係性がひっくりかえるのだ。最初は、なかなか次の一歩を踏み出せなかったが、だんだん慣れてくると、声の響き方で、天井の高さが変わったのがわかったり、相手との距離がわかったりする。さっきまで他人だった人の手のぬくもりを感じ、導かれていく。暗闇は人と人の間の距離を確実に狭めてくれるものなのだ。私は盲文化ということに思いをはせた。彼らは、見えない世界で不自由なく、豊かに生きていくことができる。むしろ、彼らを生きづらくさせているのは、見える世界を中心に動いているこの社会なのだと。見える世界を理解せねばならない社会で生きていくことと、見えない世界を一つの存在として生きていくことが、現代社会の中ではなかなかリンクしないのだろう。

私たちは暗闇の持つ豊かさを体で学び、プラネタリウムもまた似たような価値を持っていることに気づいた。プラネタリウムという場が持つ、他のメディアにはない特徴は、屋根がドーム形をしていること、星や宇宙が中心にある総合芸術の場であること、そして暗闇があること。この暗闇にもっと価値を置きながら、プラネタリウムを考えていこう、と。これを機に、仲間に見えない人もさらに増えていった。

★ユニバーサルデザインを目指して

「目が見えない人にプラネタリウム？」と首をかしげる人も多かったが、大事なことは星の並びを正確に伝えることではなく、星空の存在、さらにその奥にある宇宙の存在を知ってもらうこと。その点は、言葉や音楽を通じてできる面は多々ある。また、星空のイメージを共有するのに、点字プリンターで打ち出された点図は、とても役に立った。点字は、六星ともいわれるように、六つの点で一つの文字を表す。それ一つひとつはまさしく「星」になるわけで、点図をつくれる方にお願いして、多くの凸凹のある星図をつくってもらった。見える人も見えない人も、一番直観的に理解できるものは、街中から見える星空と、満天の星空の比較だった。街中の星空は、3等星ぐらいまでのまばらな星のパターン、一方、ライトダウンして見えるはずの満天の星空は、6等星までの星がすべて入った、紙一面にぼつぼつがあるようなパターン。プラネタリウムの中で、お客さんが一番感動のため息をつくのは、ライトダウンして、満天の星空が浮かび上がる瞬間だ。その時間を共有するのに、この星図はだいぶ活躍した。

そんな活動をしているうちに、プラネタリウムに来ない人たちにももっと広く星空のことを伝えよう、という想いが芽生えた。NPO法人ユニバーサルデザイン絵本センターに企画を持ち込み、「星の語り部」と彼らと協働で、『ねえ　おそらのあれ　なあに?』※23というユニバーサルデザイン絵本の制作が実現した。点字や点図だけでは、見える人にはなかなかわかりにくい。弱視の人にも不都合だ。この本は、ふつうの絵本と同じく墨字で書かれた文字や絵があるところに、透明のアクリル素材で凸図を描き、触って絵がわかるようにしてある。

この絵本では、街にいる人間の親子、里にいるきつねの親子、山にいる熊の親子が、それぞれに見上げる星空があり、そこでは星の数の圧倒的な違いが表現されている。そこに大きな流れ星が流れて、みんなが見上げる星空は一つ、空はつながっているということを伝えるストーリー。この絵本が完成したとき、山梨県内の盲学校に寄贈をするため、メンバーたちと学校を訪問した。想像していたよりはるかに、生徒さんたちが大喜びしてくれて、こちらが感動をもらった。のちに、この絵本をもとにしたプラネタリウム番組の制作も行った。お母さんと一緒にみてくれた弱視の女の子は、「星って見えても見えなくても感じられるんだ」と、満面の笑みを浮かべて語ってくれた。見えないがゆえにどこまでも想像を広げることのできる広大な宇宙は、きっと人を励ます。星の数が乏しい夜空の下、想像力を失いつつある現代社会に生きる人々にとっても、見えない世界を心のどこかで思っていることがきっと必要なのだろう。

「これまで誰もぼくに星のことを教えてくれなかった」という市瀬さんは、仲間たちとメールのやりとりをする中で、彼の中にしかない星空を心の中に植え付けた。そんな彼が書いた詩を最後に紹介したい。

今夜僕は散歩にでかける
星は見えているだろうか
そう思うだけで心があたたかくなる

市瀬實

9 星から生まれる私たち

冬の代表的な星座、オリオン座。星が生まれ、やがて死んでゆく姿を見せてくれる。（撮影：渡邊浩史）

私たちだって例外ではありません。もとはといえば、みんな小さな光の粒の中にいました。やがて渦巻く水素の霧としてただよい、銀河となって、星になり、星が一生かけてつくってくれた元素たちから生命が生まれました。だからみんなみんな〝星のかけら〟なのです。

佐治晴夫※24

★星の生と死

冬の代表的な星座、オリオン座。オリオン座の周辺には、星の一生に関わるドラマがつまっている。左上の赤い星・ベテルギウスと、右下の白い星・リゲルは、紅白対照的な星。星の色は、星の表面温度と直接的な関係がある。赤は、温度が低く3000℃程度、白は温度が高くて1万℃を超す。そして、その温度は、星が〝生まれて〟、〝死んで〟いくまでのプロセスの、どんなステージにいるのかを教えてくれる。ベテルギウスのような赤くて明るい赤色超巨星は、まもなく超新星爆発を起こしてその最期を迎えるところだ。特に、ベテルギウスの爆発は、人類史上もっとも近いところで起きる超新星爆発になるので、天文学者たちはみなこの星に注目している。

この超新星爆発という現象は、私たちが生きていることに密接な関わりを持つ。それは私たちの体を構成している元素は、超新星爆発が生み出した、ということだ。宇宙の始まりには、水素とヘリウムという軽い元素しかなかった。水素ガスが、だんだんと集まり、十分な重さを持つ……つまり、高い圧力と温度という条件下、バラバラになった水素の中で、4個の陽子がたがいにくっつきヘリウムへと変わる。このような核融合反応によって、光が放たれる。それが星の誕生。大きくて重い星は、ヘリウム以外にも酸素や炭素をつくりあげ、星の内部でできあがる最も重い元素である鉄もできる。鉄ができたところで、核融合反応が止まり、熱エネルギー、つまり星の内部から外に向かう力を失ってゆく。星は自分の重力を支えきれずに急速に縮み、最後は大爆発を起こす。それが超新星爆発である。この爆発は、星の内部にできた元素を宇宙空間にまき散らすのみならず、爆発時の衝撃によってあらたな元素を生み出す、元素製造現象ということなのだ。現在、この世界にある鉄より重い元素はすべて、超新星爆発のときに生み出されたもの。「みんなみんな『星のかけら』」である所以《ゆえん》はそこにある。

「私たちは星のかけら」という概念は、現代の天文学が全人類に与えてくれた、20世紀最大のプレゼントといっても過言ではない。「私たちはどこからきて、どこに向かうのか」という人間の根源的な問いに対して、人々は何か納得する答えがほしくて、神話を語り、学問の積み上げをしてきたのだろう。そして、科学の成果で、ここまで私たち一人ひとりの「生」に直結した物語的な事実に到達したのは、素晴らしいことだと思う。

「天を仰ぎ　季節と時を知り
あこがれを駆動機関に　知識をエネルギーに
あの暗闇を果てしなくたどって　星々への道をひらく

天が奏でる旋律の意味を
解き明かしたくて
還りたくて

たとえ僕たちが知らなくたって
たましいと身体は知っているから
遠い　遠い　ほんとうの始まり
僕たちは　燃えさかる星の中で生まれたことを」

ペンネーム　島田ともやす

（プラネタリウム番組「Memories—ほしにむすばれて」※25より〈13章参照〉）

★138億年目の誕生日

私たちの始まりが、星であるならば、星はどのようにしてできたのか、星を生んだ宇宙はどのようにして始まったのか……それはさらに根源性をもって、私たちの好奇心を掻き立てる問いである。少し乱暴な言い方ではあるが、そうやって、私たちのいのちは、宇宙の始まりにさえつながっている。そう思うと、私たちはみな共通の誕生日を持っていることになる。そんな想いで、2010年に「137億年目の誕生日」というプラネタリウム番組をつくった。このころ、宇宙の年齢は137億歳と言われていた。ビッグバンから間もないころに放たれた、宇宙最古の光が電波となって伝わってくる宇宙背景放射を詳しく調べることで、その年齢が推定される。さらに詳細な観測データを得られたことで、2013年には138億歳に書き換えられた。まだこの先も変わるかもしれない。

この番組のシナリオは、冒頭の文章を書いた理論物理学者の佐治晴夫先生のさまざまな仕事と言葉に助けられたものだった。彼を山梨にお呼びして講演をしていただいたとき、その番組を参加者のみなさんと見る前に、佐治先生のお誕生日の星空をドームに映し出した。キリスト誕生のときの「ベツレヘムの星」かと思うほどの、惑星が大集合した星空だった。佐治先生はそのことに感激し、全国で講演をする先々で、その嬉しさを語ってくださった。

誕生日は、誰にとっても祝福されるべきその日。その誕生日の一番のもとをたどっていけば、私たちはみな同じ誕生日を持っている。それらを祝える毎日だったら、どんなにか楽しいことだろう。

★死は生へのエネルギー

星の〝生と死〟を考えたとき、ある一点において、地球上の生命の生死に重なることがある。それは、死というものが新しいものを生み出すエネルギーになっているということ。そもそもなぜ、生命には死がプログラムされたのだろうか。今から38億年前、海の中で生命が誕生してからおよそ二十数億年の間は、コピーをつくりつづける原核生物で、それは死を知らない生物だった。そこにDNAを収納する核を持つ真核生物が現れ、親から一組ずつのDNAを受け継ぐ「性」が現れた。これによって、生命は多様性への道を歩み始め、バクテリアやウイルスに抵抗できるものをつくり、進化できるようになったのである。新しいものを生み出した古い個体は、消滅したほうがより進化ができることを知り、生命は「自死」というプログラムを持つようになったという[※26]。

生には必ず死があり、死は生のはじまりとなる。それは、生命の世界も、星の世界も同じ。そして、星の死は、私たちのいのちにつながっている。それを現代の科学が教えてくれる。この科学が生み出した宇宙観こそが、現代の神話となって、一人ひとりの生きる拠り所となっていけば、私たちはもう少し謙虚に心安らいで生きていけるのではないだろうか。

「137億年目の誕生歌」[※27] **作詞：寮　美千子　作曲：清田愛未**

（プラネタリウム番組「137億年目の誕生日」エンディング曲）

たえまなく　うちよせる
おおぞらの　ひかりたち
このあおい　わくせいの
なつかしい　きおくたち

いつか　ほしだった
いまも　おぼえている

はるか　そらのはて
いつか　ほしだった

このむねに　やどるほし
あのほしと　ひびきあい
かぎりなく　あふれくる
いのちへの　いとしさよ

10 遠くを見ること、自分を見ること

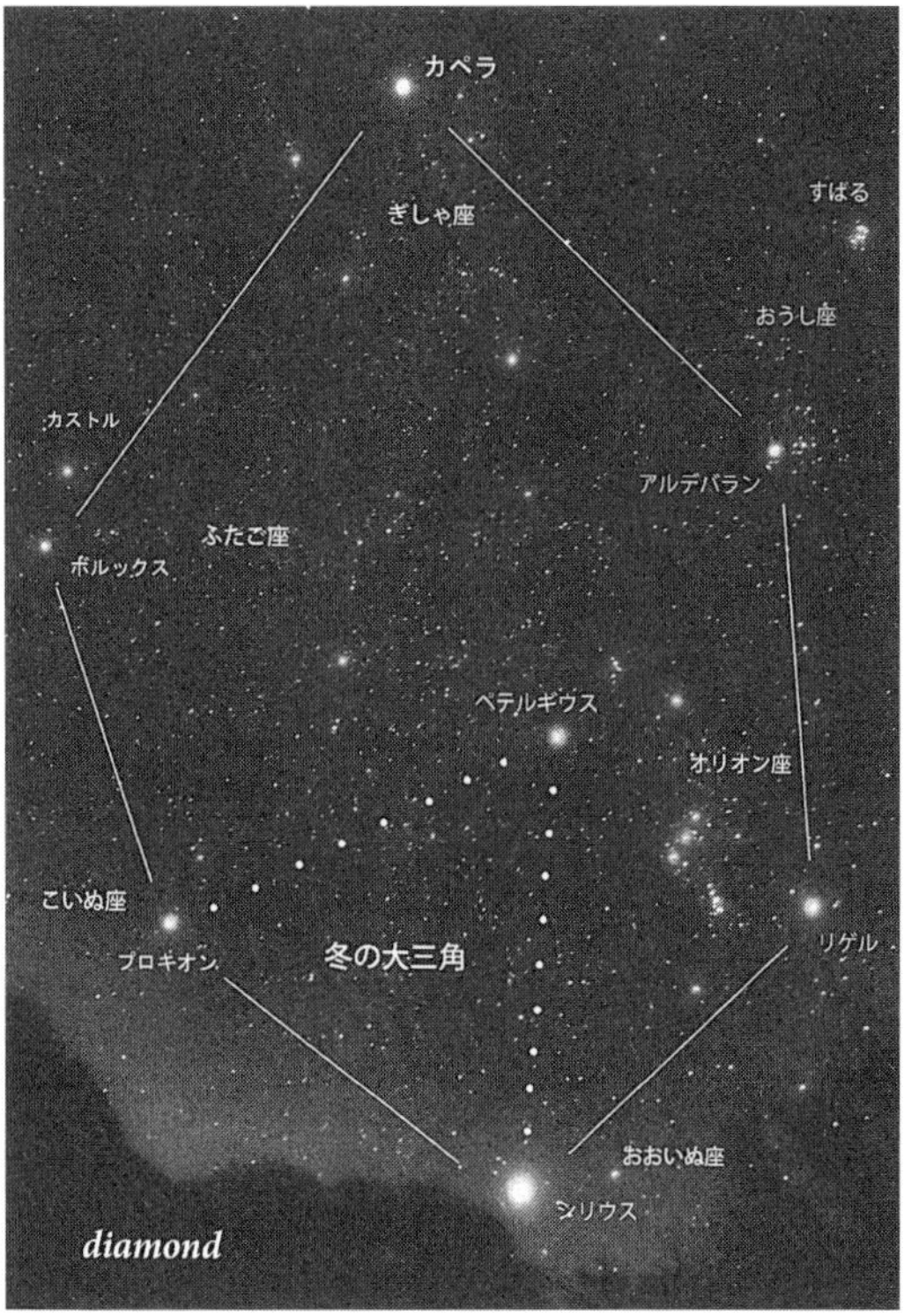

冬のダイヤモンド。色もバラエティがあり、奥行きもさまざま。（撮影：高橋秀幸）

宇宙から地球を見ていると、この地球に生まれて死んでいった人々、現在生きている人々、これから生まれる人々を思う。そして、自分はその無数の人間のひとりであると改めて思う。次に考えるのは、私たちの存在はなにかということであり、短い生を精いっぱい楽しみ、かつ十分に他と分かち合って生きるにはどうしたらよいか、ということである。

ロドルホ・ネリ＝べーラ（メキシコ、宇宙飛行士）※28

★宇宙から地球を眺める

20世紀の目覚ましい科学と技術の進歩は、私たちに幸せと不幸せの両方をもたらしたが、宇宙から地球を眺めることができるようになったことは、20世紀最高の幸いの一つだろう。地球を周回する宇宙船、つまりスペースシャトルやソユーズ、国際宇宙ステーションに乗り込んだ宇宙飛行士たちは、声をそろえて、地球のたとえようもない美しさを語る。そして宇宙からは国境が見えないこと、いのちをまもる大気圏のはかないまでの薄さにため息をつく。70億人という人々や３０００万種以上の生き物が漆黒の闇に浮かぶ青く小さな星にへばりつくように生きていることにあらためて想いを馳せる。

１９７７年に地球を飛びたったアメリカの宇宙探査機・ボイジャー1号は、木星と土星の大迫力の写真撮影に成功したのち、海王星軌道よりももっと遠くに到達した90年2月14日、進行方向から「振り返って」、太陽系全体の「家族写真」を撮った。理論物理学者の佐治晴夫先生は、ＮＡＳＡ／ＪＰＬの研究所長から聞いたことを、こう表現している。「ボイジャーが振り返って撮ってくれた一枚の写真。／そこには、太陽のまばゆいばかりの光の中に針の先ほどの地球が写っていました。そこで研究所長が言っていたことが、とても印象的でしたね。／『（中略）あの写真は、科学のために撮ったのではない』では、何のためだったのでしょうか。／彼は、『詩や芸術のためだ』と答えたのです。／（中略）ボイジャーがしたことの意味は、（中略）われわれ人間が、今ここに存在しているということの、存在の意味を確認してくれた、ということだと思います。」※29

はるか遠い宇宙から地球をのぞむ。その視点は、私たちが小さな星に住む確かさと不思議さをどこまでも与えてくれる。

★地球から遠くを見る

今、地球に生きる70億人のうち、自らの目で地球を眺められる人は、わずかな宇宙飛行士だけ。けれども、70億人の人々は、この地上から星を見上げることができる。はるか手の届かないところにある星への視線は、何故か鏡のように反射して、再び地球を眺め、その中の小さな自分を見つめる視点を与えてくれる。

アンキロサウルスが生まれたときに
光った星を
今、私が見ている。
私がお母さんと笑ったときに
光った星は
だれが見てくれるかな。
　佐野春香（10歳）（「Memories―ほしにむすばれて」※25〈13章参照〉より）

星はとても遠いところにある。地球にもっとも近い天体の月でさえ、38万㎞の向こう側。太陽系の惑星たちは、キロメートルという距離単位を使ってもかろうじて表現しきれる範囲にあるが、星（恒星）までの距離となると、キロメートルでは数字が大きくなりすぎる。地球から見て太陽の次に近い恒星――ケンタウルス座のα星――までの距離は、地球から太陽までの距離のざっと27万倍もある。そんな大きな距離を表すために使われるのが「光年」という単位。光の速さ（およそ30万km／秒）で進んで1年かかる距離が1光年。αケンタウリまでの距離は4・3光年。その星を出発した光が4・3年かかってようやく私たちの目に届くというわけだ。

1年のうちでもっとも、きらびやかな明るい星が輝く冬の星々の中で、私が一番好きなのは、冬のダイヤモンド（章扉写真）。こんなにも大きくて、こんなにも安いダイヤモンドは他にないからね、といつもプラネタリウムの解説の中で語っている。ダイヤモンドの六つの星がそれぞれどれだけの距離にあるかというのが、おもしろい。シリウスは、9光年。つまり、9歳の子どもが生まれたときの光を今、私たちは見る。プロキオンは11光年、ポルックスは34光年、カペラは43光年、アルデバランは67光年。アルデバランぐらいまでは、私たちは人生の長さに置き換えて、昔を懐かしむように見ることができる。けれども、リゲルは800光年、同じオリオン座にあるベテルギウスは640光年、夏の大三角の一つとして知られるはくちょう座のデネブは約1400光年……だんだんピンとこなくなるが、それでもまだ人間の歴史の年表の中に入る。そして、私たちが望遠鏡を使わずに、肉眼で見ることのできるもっとも遠い天体は、

230万光年かなたにあるアンドロメダ銀河。あの銀河の片隅にあるどこかの星の周りを回る惑星があって、そこから遥かなる地球をのぞめば、230万年前の地球の姿があるというのだ。目を細めれば、その時代を生きていた猿人の姿が見えてくるのだろうか。

★再び存在として

その遠さゆえに、星は一つの点。点像でしかない、小さな光になぜ私たちは心を奪われるのか。作家の池澤夏樹氏は、その著書『星界からの報告』※30の中で、「人と星の関係の基本構図」としてこんな表現をしている。「漆黒の背景の中の一点の光という、極度に抽象的な構図なき光景が精神に与える、ひたひたとした静かな、しかしかぎりない波紋の効果だ。延々とのびた視線の一方には星があり、もう一方には自分がいる。世界と人の対峙のしかたとして、最も単純な、最小限の要件からなる、ありようである。それが精神を震撼させることにあらためて驚く。」

星が点像であるがゆえに、一対一という向き合い方ができる。山や雲ではそうはいかない。だから、こちら側にいる唯一という自分の存在を意識できるのだろう。もし、地上から天に向かうまなざしが、大地に寝転びながら、ひたすらに星に向かっていくときには、なおさら、自身と地球というものが一体化して、宇宙空間に浮かぶことさえできる。私たちは宇宙飛行士になれない代わりに、星を見ることで、しっかりと宇宙から自分を眺める視点を得ている。そして、同じ地球上にいる大切な誰かを、地球ごと抱きしめたいと思うのだ。

「二人で」※31　作詞・作曲：池田綾子

（プラネタリウム番組「きみが住む星」※32挿入歌）

あなたとここにいるだけで嬉しいこと
本当は言葉にして伝えてみたい
明けては暮れる毎日の光と影
全ての風景にも君の面影

今君がいる
今君といる
無限に広がる　星たちのはしっこに

どんな時も二人で
会えない日も二人で
遠くにいる君が光の中にあること祈ってい
る

離れていても大丈夫と泣いたこと
いつかは笑いながら話してみたい

君に繋がっている

どんな時も二人で
会えない日も二人で
遠くにいる君が光の中にあることを祈って
いる

今君がいる
今君といる
無限に広がる　星たちのはしっこに

あの日見た地平線
満天の星空
羽ばたく鳥たちも

11 戦争と星空——戦場に輝くベガ

海軍の偵察員をしていたころの平山幸夫さん。（提供：平山幸夫）

星が武器としてではなく、希望の光として輝ける日がくることを祈っています※33。

★星が武器になった時代

プラネタリウム番組「戦場に輝くベガ―約束の星を見上げて」(脚本：跡部浩一、髙橋真理子)は、戦時中、星の高さを測って自分の位置を知る「天文航法」が使われていたこと、そのために必要な「高度方位暦」を当時の勤労動員の女学生が計算していたこと、その事実に基づきながら描いた星の物語である。あらすじを先に紹介したい。

時代は太平洋戦争末期。主人公である大学生の和夫とおさななじみで女学生の久子は、和夫が第13期海軍飛行予備学生として入隊する前夜、天の川を見上げながら、「寂しい時や苦しいときにはあのベガ(織姫星)を見上げよう」と約束を交わす。その後、和夫は陸上爆撃機「銀河」に乗り込む偵察員(飛行機のナビゲーションを担う人)になり、久子は勤労動員生として、海軍水路部で、天文航法を素早く行うために必要な「高度方位暦」の計算に従事する。遠く離れた二人をつなぐ星。若き兵士たちが命を託す星。そして爆撃機を敵地へ導く目印になった星……。和夫は、満天の星空に包まれながら、自分が爆撃した相手にさえ、どうしても会いたい大切な人がいるであろうことに想いいたる。沖縄戦出撃の前夜、久子にあてた最後の手紙に「星が武器としてではなく、希望の光として輝ける日がくることを願っています。」と、和夫は遺言を残す。ベガの光は、今も変わることなく私たちの頭上で輝き続け、大切な何かを伝えてくれている。

この番組は2006年の上映後、多くの反響を呼び、新たな調査・研究が進んだ。2014年には、その進展を踏まえて、完全リメイク版として生まれ変わり、2015年は戦後70年ということもあり、プラネタリウム館に限らず、さまざまなところで上映が行われた。これまで、プラネタリウム番組を20本以上制作してきたが、これほどまでに出来上がったあとに成長し続けた番組は他にない。メイキングストーリーを共同制作者の跡部浩一さんとともに書いたとき[※34]のタイトルは、「終わらない物語」であった。そう、これは、終わらせてはいけない物語、でもある。

★番組制作のきっかけ

戦時中に女学生が学徒動員の仕事として、星の計算をしていた、という事実を知ったのは、2003年のこと。見知らぬ方から、しかも海外からきた手紙がことの発端であった。手紙の差出人は、80歳を越していた塚越雅則さん。私が翻訳者の一人であった『星空散歩ができる本南半球版』※35を手にいれ、私のプロフィールに縁を感じ、お手紙をくださった。山梨は、塚越さんのご両親の故郷でもあり、塚越ご夫妻が結婚式をあげた場所でもある。ぜひとも星のことを教えてほしい、という内容だった。何度かの文通を経て、日本に一時帰国された際、お会いする機会ができた。そのとき、「戦時中に、『天測暦』を女学生たちが計算していたのだが、どれだけ精度が高かったのか調べてほしい」と言われたのである。まったく意味がわからなかった。「天測暦」という、星のデータを、国立天文台ではなく、海上保安庁が出していることさえ、恥ずかしながら知らなかった。それが、戦時中で、しかも学徒動員の女学生……。塚越さんはその後、知り合いの方に、「昭和19年天測暦」を国会図書館ですべてコピーし、私に送るようにと指示してマレーシアにもどられた。その後私の手元にのこったのは、数字の羅列が延々つづく100ページほどの天測暦コピーであった。私が下の子を出産して、育休をとっていた間の話である。正直、途方に暮れて、その宿題はそのままになってしまっていた。けれども、「戦時中に星の計算をしていた女学生」というのは、きっと番組になるだろう、という想いがあった。

館内で制作にOKがでた2005年の秋からはじまった取材は、まるで細い糸をたぐりよせるような作業だった。手元にあったのは、塚越さんが、銀河501隊に従軍していたときの体験記の一部と、陸上爆撃機「銀河」の特攻の様子が描かれる『梓特別攻撃隊』[※36]中の、学徒動員女学生のことが書かれた1ページのコピー、そして100ページの「昭和19年天測暦」だけであった。『梓特別攻撃隊』の著者、神野正美さんの存在は大きく、彼に紹介された人に会いにいき、また次の人を紹介され、と芋づる式に取材は進んでいった。

取材で出逢った人たちのことは、「終わらない物語」をぜひ読んでほしい。私たちはこの取材を通して、非常に多くのものを学んだ。天文航法という人間の知恵の集積も、海軍水路部が独自の方法で高度な暦計算をしていたことなど驚きの連続であった。それ以上に心に刻まれたのは、人々はあの時代にも人間らしく生きたいとずっと願っていたこと、多くの人が戦争の記憶を自分の中に閉じ込めていることであった。番組のシナリオには、実際にお話を聞かせていただいた方たちの言葉がちりばめられている。

★戦争体験者との対話

戦時中に「天文航法」や、「高度方位暦」の計算に携わった方を中心に、20名以上の方を取材したが、中でも、「天測（天文測量の略）の神様」と呼ばれた平山幸夫さんから、教えられたことは数知れない。平山さんは、戦時中は、偵察機として使われていた二式飛行艇の偵察員をしており、戦後も自衛隊や日本航空で、天測に関わってきた人である。「飛行機の位置が不確実になれば帰れないし、一緒に乗っている乗組員はみな、命を落とす。そういうとき、天測で自分の位置がわかり飛行機を誘導する。星のおかげで助かったと思う。」と平山さんは語った。一番の星の思い出は、海面に映った星の光が、きらきらと輝いて、敵機かと思った、というものだ。それは、シナリオの中で、和夫の手紙「満天の星が海に映ってきらきら輝いてびっくりしました。きみに見せてあげたかった」になった。

平山さんにはじめてお話を伺ったとき、隣でずっと聞いていた奥様が、「私は50年、この人に連れ添ってきたけれど、こんな話を聞くのは初めてです」とおっしゃったことが忘れられない。戦争体験者の多くは、その記憶にふたをするように誰にも語らずに何十年も過ごしている。そして、平山さんの言葉を借りれば「仲間がみんな死んでしまったのに、自分だけ生き残って申し訳ない」という思いを抱えながら生きている。話を聞き、それを何らかの形で残していくこと……それが、当事者の心の解放につながっていくこともあるのだろう。

戦時中に10代だった女性に、「当時好きな人っていた?」と聞いたとき、彼女は「そりゃいたさよ」とポロポロ涙を流した。男性からは、よく「君たちには想像もつかないよ」という言葉を聞いた。戦争は、大切な人、モノ、人間らしい生活と、その時間をすべて奪い、終わって何十年たってもなお、傷として残り続けるものだった。それは体験者にとってみれば、「非体験者には想像もできない」ほどの過酷な状況だったのだろう。

★星の物語として

親子連れをメインの観客とする公的なプラネタリウムにおいて、戦争をテーマに番組を制作することは、大きな覚悟が必要であった。いわゆる「戦争もの」と呼ばれる映画やドラマをみた最後に、おなかの中に大きな鉛が残るような感覚を持ってもらうわけにはいかない。けれども、プラネタリウムに「戦争」という切り口を入れたことで、星空の持つ力が顕在化した。つまり、星はさまざまなものをつなぐ、という力である。

この番組を構成している軸に、「男と女」「加害と被害」「当時と今」という対がある。それをすべて引き裂くのが戦争であり、つなぐことができるのが星である、というのがこの物語の土台となっている。戦争は、人に想像力を断ち切ることを求めるが、星は、人に想像力を与える。プラネタリウムという場でなければ、この物語は生まれなかったし、事実が残っていくこともなかっただろう。見た人が重い気持ちになるのではなく、未来に希望を託せるように、星空は人を救うという視点が必要だった。そして、これがどこか遠い昔のお話ではなく、「自分に続く物語」であることを実感してほしかった。何より、今を生きる私たちも、二人が見上げていたベガを見ることができる。連綿と続いてきたいのちが、あそこで途切れていたら……つまり、自分の父母や祖父母が戦争で命を奪われていたら、今の自分はなかったということも教えてくれる。

この番組をみて、「祖父母に話を聞いてみようと思った」「孫たちに戦争の話なんかできないと思ったけれど、これを一緒に見れば話ができるかもしれない」と、次なるアクションにつなげた人は少なくない。まさしく「自分に続く物語」として受け取ってもらえたのだろう。

★終わらない物語

この番組は完成後、多くの人たちを動かした。上映を広めようとする人たち、知られざる事実をさらに調査する人たち……。そして、特に「高度方位暦」に関する調査・研究が進み、いくつかの本を生み出し、ラジオドラマや小説、ドキュメンタリー本にも発展した※37、38。2014年の完全リメイク版の音楽は、山梨県出身の作曲家・ピアニストの小林真人さんによる書き下ろしで、そのサウンドトラックも発売されている※39。エンディングのテーマ曲「約束の星」には、この物語が持つメッセージがすべて集約され、中学生・高校生が歌っていることが、これを「終わらない物語」にしてくれている。

戦後70年をむかえた2015年、平山さんの住む山形県の最上町で、この番組の上映会が行われた。普段は遠方にいる、息子さん、お孫さん、ひ孫さんが来てくださり、はじめて番組をご覧になった。ひ孫にあたる奈月さんは、「今までそんな話を聞くときがなかったので、びっくりしました。大切な人と一緒に星を見られるありがたさ、すごくわかりました。」と語ってくれた。平山さんは、そのときもう93歳。戦後、ずっと語ることのなかった記憶がこのような形でひ孫にも届いたことを、どれだけ喜んでくれたことだろう。

残していくこと、継いでいくこと。星を見上げて人間が積み上げてきた知と罪。星があるからこそ、伝えることができ、星があるからこそ、感じることができる。そして、最後の最後に星が与えてくれるのは、やはり希望の姿をした未来を照らす光なのである。

「約束の星」※39　作詞・作曲：小林真人

茜色に染まる　夕空にきらり
あれはあなたがはじめて教えてくれた星
心ふるえる夜　柔らかくふわり
包み込んでくれた腕のぬくもり

終わりの見えないとこしえの闇
私を呼ぶ声が　輝きに変わった

空がただ空であるために
風がただ風であるために
約束の星よ　希望の光となれ

たんざくに込めた願いごとひらり
どうか幸せでいてくれますように
遠く離れて逢えなくても
二人が交わした言葉が力をくれる

海がただ海であるように
山がただ山であるように
約束の星よ　哀しみの連鎖を断ち切れ

空がただ空であるために
風がただ風であるために
約束の星よ　希望の光となれ
永久《とわ》の光となれ

12 星がむすぶ友情――宮沢賢治と保阪嘉内

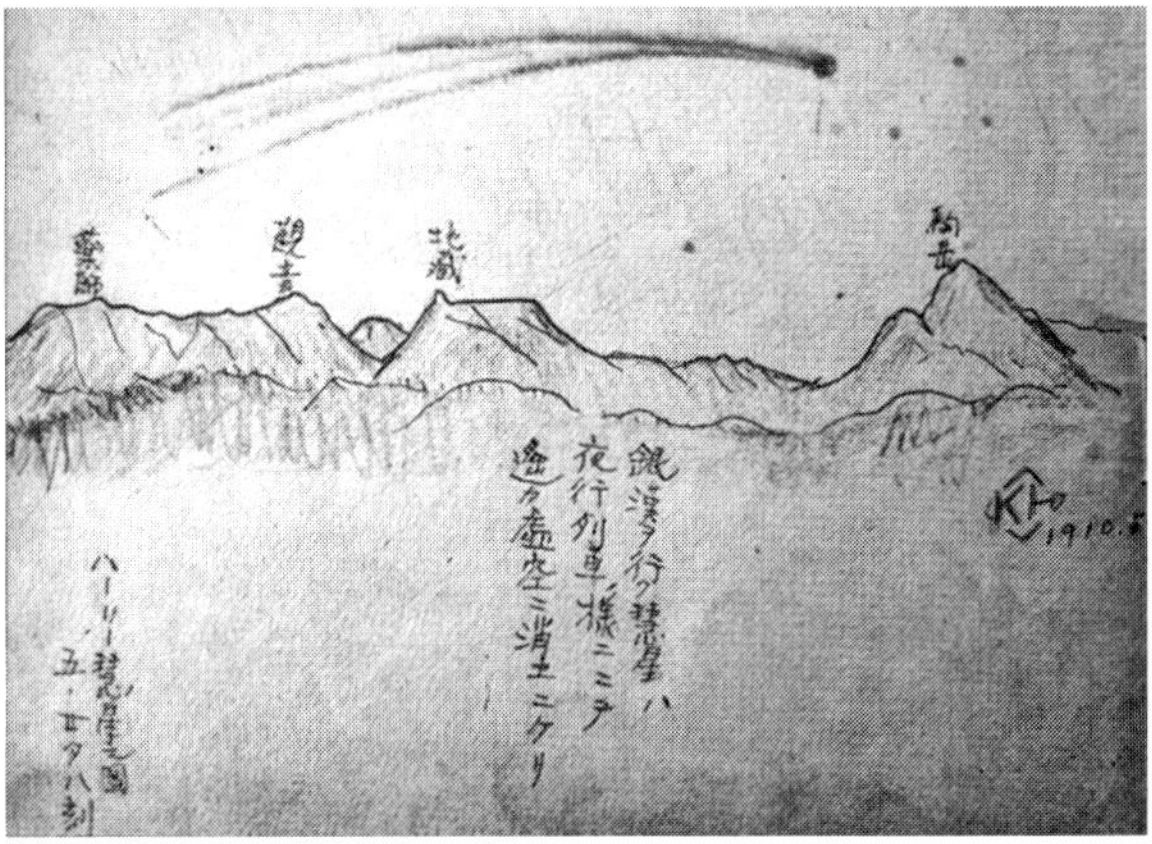

1910 年に保阪嘉内が描いたハレー彗星。（提供：アザリア記念会）

「カムパネルラ、また僕たち二人きりになったねえ、どこまでもどこまでも一緒に行こう。僕はもうあのさそりのようにほんとうにみんなの幸のためならば僕のからだなんか百ぺん灼いてもかまわない。」「うん。僕だってそうだ。」カムパネルラの眼にはきれいな涙がうかんでいました。「けれどもほんとうのさいわいは一体何だろう。」ジョバンニが云いました。「僕わからない。」カムパネルラがぼんやり云いました。
「僕たちしっかりやろうねえ。」ジョバンニが胸いっぱい新らしい力が湧くように、ふうと息をしながら云いました。

宮沢賢治※40

★宮沢賢治の親友

人生とは出逢うことだ、と思う。私の仕事のほとんどは出逢いから成り立っているし、私を「私」という人物にしているのは、親から受け継いだ遺伝子だけではない。どんな風景や風土の中で、どんな人や作品に出逢ってきたか、体験したのか、そこから何を受け取り、生み出してきたのか、そういったことが「私」を構成している。はるか昔の、あの人とあの人の出逢いがなかったら、今の社会の何かが大きく違ったかもしれない、そんなことも多々あるだろう。私たちはそういう無数に連なる人々の出逢いの物語の中で、生きている。

宮沢賢治とその唯一無二の親友とも言われる保阪嘉内。二人の出逢いは、その象徴的なものの一つだ。賢治の名前を知らない人はほとんどいないだろうが、嘉内を知っている人は、そう多くない。その背景について、私は論じられるほどの立場ではまったくない。けれども、自身が山梨に来ることができて、山梨だからこそ出逢えたかけがえのない人物の一人に嘉内がいて、その存在は後世に伝えたいと切に願っている。

嘉内は賢治と同じ1896年に、山梨県北巨摩郡駒井村（現韮崎市）に生まれた。農家に育ち、10代前半にして、豊かな農村社会を夢に描いた人であった。甲府中学に進んだ嘉内は、5年間だけその中学に赴任していた天文家の野尻抱影に出会い、1910年のハレー彗星を共に見ることになる。彗星の接近で地球の空気がなくなるかもしれない、というパニックになったその時代にあって、13歳の嘉内がこれほど冷静なスケッチを残せたのは、野尻の力があったからだろう。スケッチは、現在の甲府駅南側の恩賜林記念館の塔のあるところ、つまり当時、甲府中学があったその地から描かれたものである。南アルプスの連なり……鳳凰三山、甲斐駒ケ岳などの稜線が正確に描かれ、その上に、少し誇張した（けれどもきっと彼の中にはそれだけ大きなインパクトがあったのだろう）ハレー彗星がある。そして、「銀漢を行く彗星は　夜行列車

の様ににて　はるか虚空に消えにけり」と言葉が添えられている。まるで空を飛ぶ銀河鉄道を想起させるような詩である。

嘉内は、これ以外にも甲府中学時代に、多く文章を残している。最も印象的なのは、「吾等が最大幸福は何なるか」という演説原稿。トルストイにも影響を受け、人間の幸せとはいったい何かということをとことん考えていた少年であった。そして、物質文明が進んでいくことに危機感を感じ、真の幸福とは精神の満足だと、説いている。

ハレー彗星から7年後、嘉内は、盛岡高等農林学校で賢治と出会い、文学・哲学・科学・芸術・思想、あらゆる方面で、議論しあい共感しあう唯一無二の親友となった。賢治研究の中ではじめて保阪嘉内という切り口から賢治作品を考察した菅原千恵子氏は、その著書『宮沢賢治の青春―〝ただ一人の友〟保阪嘉内をめぐって』※41で、こう語る。賢治の後半生における作品のほとんどは、「ある特定の読者、おそらくは訣別してしまった一人の友『私が保阪嘉内』へ賢治が送り続けたメッセージだった」のではないか、と。この考えに肩入れをするならば、「銀河鉄道の夜」という難解な名作と、嘉内の存在は切っても切れない関係だったに違いないと思うのである。

★二人の銀河鉄道

２０１１年にプラネタリウム番組「二人の銀河鉄道―賢治と嘉内の青春」をつくった。山梨在住の歴史小説家、江宮隆之氏の『二人の銀河鉄道』※42を原作とした、賢治と嘉内の出逢いと別れの物語であるが、同時に、その二人の関係からあらたな「銀河鉄道の夜」の読み方を提示するものでもあった。

山梨には、「アザリア記念会」という、保阪嘉内に関する資料の保存や研究を行う団体がある。その顧問として、嘉内の次男である保阪庸夫さんがいらっしゃる。嘉内が40歳で亡くなったとき、庸夫さんは6歳。記憶に残る父の姿はわずかである。けれども、庸夫さんの爽快なリベラリズムや優しさは、きっと嘉内の血を受けついでいるのだろう。茶目っ気のあるところも、そして、豪快なところも。庸夫さんと話をしていると写真の中の嘉内が立ち上がってくるようにさえ感じた。

賢治と嘉内の二人の関係性を知る、一番大きな手掛かりは、二人の間に交わされた手紙である。賢治から嘉内にあてたものは73通現存しており※43、嘉内から賢治にあてたであろう手紙は1通も残っていない。このことは、嘉内が長い間賢治研究の中であまり扱われてこなかったことと無関係ではない。

彼らが互いに共感していたことを一言でいえば、「人々の幸せのために生きる」という熱い想いだったといえよう。それは、弱きものを「ほうっておくことのできない」想いにも通じる。嘉内が思い描いた「花園農村」、賢治の「農民芸術」はどちらも、生活を成立させる農業と、心を満たす芸術の両立であり、人々の「ほんとうの幸い」を目指す理想の社会の姿だった。

彼らは、１９１７年7月14日、二人だけの岩手山登山をし、降るような満天の星空と天の川を一晩中仰いだ。その日を振り返って、それぞれに詠んだ歌がある。

柏ばら　ほのほたえたるたいまつを　ふたりかたみに　ふきてありたり
雲の海の　上に凍りし　琥珀のそら　巨《おお》きとかげは　群れ渡るなり
　宮沢賢治（歌稿B大正六年七月）※44

この闇に二人語るか　一人の声の響くか　まつくらの森
柳沢のはじめに　来ればまつ白の　銀河が流れ　星が輝く
　保阪嘉内（歌稿「私は独り」大正六年）※45

二人にとって生涯忘れがたい星の夜だったに違いない。彼らは、ここで、「人々の幸せのために生きよう」と誓いをたてる。後世を生きる人々は、これを「銀河の誓い」と呼ぶ。この空気を感じとり、二人で交わしたかもしれない会話を、私は番組の中で、こんなふうに表現した。
嘉内「こうしてみると、天の川はほんとうに一つひとつが星なんだということがわかるね」
賢治「なんだか、あの星の世界に野原や森が見えてくるかのようだ。列車で走ってみたいものだね」
嘉内「そうそう、以前、ハレー彗星の話をしたね。野尻先生のとなりで描いたスケッチにぼくはこんな詩をつけたんだ。『銀漢を行く彗星は　夜行列車の様ににて　はるか虚空に消えにけり』ってね。
僕の家の近くは、山の高いところを中央線が走るんだ。夜になると、まるで汽車が空を飛んでいくかのようにみえる」
賢治「そうだ、岩手軽便鉄道もまったくそうだよ。天の川を走る汽車、銀河鉄道だ」
嘉内「銀河鉄道……いい響きだ。ぜひ乗ってみたいな」
賢治「天の川にそって旅をするんだ。そして星座は停車場。ほら、あれは白鳥のステーション」
嘉内「こと座、わし座、だんだん銀河を下っていく」
賢治「最後は、どこに向かってゆこう」

〈星空が回転し、天の川がぐるりと見える〉
朗読「するとどこかで、ふしぎな声が、銀河ステーション、銀河ステーションという声がしたかと思うといきなり目の前がぱっとあかるくなって、……気がついてみるとさっきからごとごとごとごと、ジョバンニの乗っている小さな列車が走り続けていたのでした」
〈宇宙空間に飛び出していく〉
嘉内「この気も遠くなる宇宙を仰いでいると、神の存在を感じてしまうなあ」
賢治「この宇宙、法華経では三千大千世界といって、無限なものとしている。小千世界はいうなれば太陽系、中千世界は銀河系、大千世界は銀河団にあたるんだ……」
嘉内「こんな広い宇宙の同じ一点に、今、ぼくたちはいるんだ」
賢治「何千年も前と今と、互いに違う時間を生きていたかもしれないのに、何故か今、二人は同じ時代の同じ時間を同じ場所で生きている」
嘉内「生きて、出逢うということは、なんと素晴らしいことだろう。ぼくたちの存在は小さいけれど、一緒にやれば何かできる」
賢治「ああ、ぼくたち、どこまでも一緒に行こう。人々の幸せのために、できることならばなんでもやろう」
嘉内「きっとだ」

賢治「ああ、きっと」
〈汽車の汽笛〉
朗読「僕もうあんな大きな暗《やみ》の中だってこわくない。きっとみんなのほんとうのさいわいをさがしに行く。どこまでもどこまでも僕たち一緒に進んで行こう。」

朗読部分はもちろん、「銀河鉄道の夜」※40である。賢治は、晩年、何度も「銀河鉄道の夜」を書き直しながら、きっとあの夜の天の川を思い出していたのだろうと思う。

★ほんとうの幸せ

その後、嘉内が退学処分になったことや、宗教観のずれによって、二人の間には距離が生まれる。賢治の法華経への強い想いについていけなくなり、賢治から離れようとする嘉内に、賢治は、「我を捨てるな」と手紙に何度もくりかえし求める。彼らが訣別したままだったのか、あるいは賢治の生前に再び話をすることがあったのか、それはまだ謎が残ったままだ。

それはどうであれ、あの一晩の、砂礫のような天の川のもとで誓った彼らの想いを、想像し、そして受け継いでいきたい。この美しい星空が、自分たちだけではなく、自分の生きる地域の、日本の、そして地球のすべての人の幸せにあってほしいという願いを、すべての人が心から思えたら、この世界はもっと美しくなるのに、と。

「勿忘草」※46　作詞・作曲：保阪嘉内

捕らよとすれば　その手から
小鳥は空へ　翔んで行く
しあわせ尋ね　ゆく道の
はるけき眼路に　涙する

抱かんとすれば　我が手から
鳥は美空へ　逃げて行く
しあわせ求め　ゆく道に
はぐれし友よ　今いずこ

ながれの岸の　ひともとは
みそらの色の　みずあさぎ
なみことごとく　口づけし
はたことごとく　わすれゆく

（第三連はドイツの詩人ウィルヘルム・アレントの「わすれなぐさ」〈上田敏訳〉を、そのまま取り込んでいると思われる）

13 ほしにむすばれて——人と宇宙のドラマ

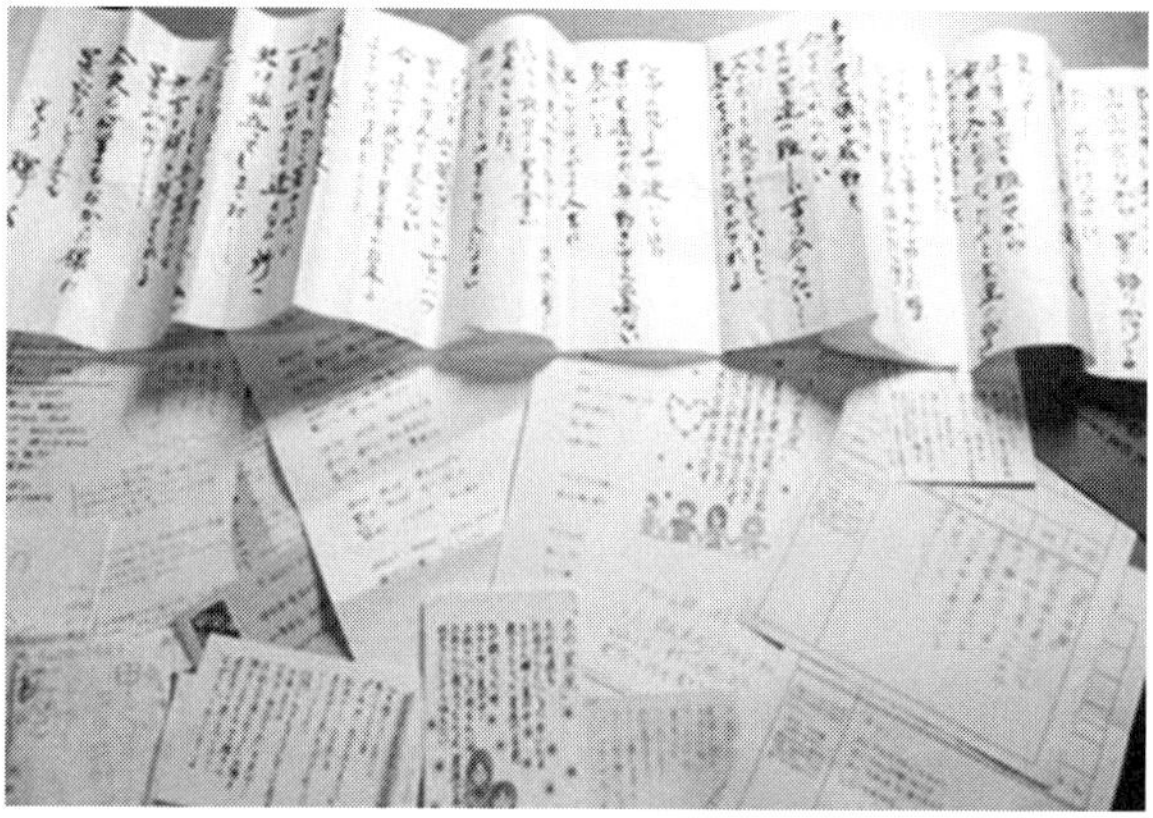

全国から集まったそれぞれの「宇宙のドラマ」。（提供：山梨県立科学館）

ゆうやけは
よるの　はじまり
ゆうやけを　ぬぐと
そらは　はだか
うちへ　かえるこどもたちに
あおぞらが　かくしていた
ほしぼしを　みせる

にぎやかなひるまから
しずかなよるへと
こどもたちを　さそって
ゆうやけは
うちゅうの　ドラマの
まくを　あける

谷川俊太郎※47

★宇宙のドラマ

晴れている日には、夕日が山に落ちたあと、空はえも言われぬ深みをおびた「蒼色」になる。ブルーモーメントと呼ばれるその時間。その時間の短さとはかなさゆえか、満天の星空にもまさって、一番好きな空の風景でもある。そこに一番星が輝きはじめるのがたまらない。青空でふたをされていた空が、徐々にベールを脱ぐように宇宙に向かって窓が開かれていく。まさしく「うちゅうのドラマがまくをあける」時間だ。

「あなたの宇宙のドラマをきかせてください」と呼びかけ、星にまつわる詩を公募し選んだものと、谷川俊太郎さんの絵本「ほしにむすばれて」を連詩のように組み合わせてつくったプラネタリウム番組が「Memories—ほしにむすばれて」※25である。全国から素敵な詩が800以上集まった。

人は、星空との対峙によって、遠くから自分を見つめなおし、そして、自身の内面を語りだす。それは、「なぜ、人は星を見上げるのか」という問いに対するこたえのようなもの。人々が表現する宇宙は多様でありながら、どこか普遍性があるように思う。それを少し目に見える形にしてみたい。

★夢、励まし、そして希望

わたしのしょうらいのゆめは　ピアニスト／お空を見ていると　たのしくて／ピアノをひきたくなります（小学生）

つかれて生きるのがいやになったとき、／しらないうちに夜空の星を見ていた。／とてもきれいで心がやすらぐ。／また明日からがんばろう。（ペンネーム　流れ星　13歳）

星空と夢や希望は切り離せないもの、とあらためて教えられた。「星を見上げる」という行為そのものが、上を見上げるということであり、そこには深呼吸とか、胸を開くとか、そんな行動が伴うゆえに、人間の純粋なところで希望を感じることのできるものなのだろう。

★感謝

お母さんと／夜空を散歩／上を見上げると／満天の星空／いつもお母さん／ありがとう（小学生）

星を見上げることと、手紙を書くことは似ていると思う。そこに共通しているのは、相手に面と向かって言いづらいことを、星を見ることで、また手紙に託すことで、言えることがきっとある、ということ。

★好奇心

お星さまは、キラキラキラキラ。／顔も体もキラキラキラキラ。／お星さまは、小さいのかな？／それとも大きいのかな?/ぼう遠きょうで調べてみよう!/……あっ!見えた見えた、お星さまが見えた。/大きいのがあったり、小さいのがあったり、/……あそこに…金星!あそこに、/木星!あそこに…土星!/でも、土星だけ、わっかがついてる。/どうしてだろう?なんでだろう?/このうちゅうはおもしろいね(長澤麻衣　8歳)

学問のはじまりは、すべて「どうしてだろう?」から。どこまでも尽きない「どうして?」があるのが星空なのだろう。

★想像力

星空を見ていると/自分だけの物語が生まれてくる/そしてその物語を星空に話してあげる/そして、/「どうだった?」/と星空に聞く。(堀内晶貴　8歳)

人間が得た、かけがえのない能力の一つは想像力だと思う。星空があったことと、人間が想像力を得たことは、無関係ではないはず。

★記憶

五つの時／父と見た星がみたい〃そう思うのは／なぜだろうか（中学生）

プラネタリウムを見てくださった人が、「昔、〇〇で見た星を思い出しました」という感想を残していくことがよくある。星空は、記憶を引き出すものでもあると思う。空にはいつも、必ず星があるから。

★祈り

ひとが逝くときは星になるんだって／わたしは流れ星になりたい／願いを叶える流れ星に／ひとりで泣くひとが／これ以上ふえないように／いつも側にいる星ではないけれど／一瞬で消えてしまう星だけれど／そのきらめきに／あなたが顔をあげてくれるならば／わたしはせいいっぱいの輝きでこの天空（そら）を翔けてゆく（ペンネーム　e.k.）

死んだら星になる、という考えはずっと昔からあるのだろう。そう思うことが、地上に生きる私たちをきっと励ましているのだ。

★心をつなぐ

あなたとわたし／はなれていても／同じ星を見てるって／信じてるから（中学生）

星は点像であるゆえに、2人の視線を同じ場所に重ねることができる。時空を超えて、気持ちをつなぐことができる、それは星の大きな力。

★自分を見る

強く輝くほし／弱く輝くほし／ほしになった　あなた／いくつもある　ほしのなかで／あなたを見つける自信がある／わたしから見るあなたは輝いてみえるけど／あなたから見るわたしは輝いていますか（ペンネーム　もか　19歳）

遠くを見つめる。その視線は、星に反射し、遠くから自分が生きていることを見つめる機会をくれる。

★生きる

星空が　キラキラ光って　きれいだな／ぼくは1日　しあわせだったよ（吉崎史亘嗣　8歳）

彼は、死んでしまった飼い犬に向かって話をするようにこの詩を書いたそうだ。生には必ず死があり、死はあらたな生をつくる。身近なものの死は、とても哀しく苦しいことであるけれど、必ず、新しいエネルギーを与えてくれるものでもある。星の世界で、死があらたな生を生み出しているのと同じように。

14 震災の日の星空

津波に襲われながらも最後まで住民に避難を呼びかけた南三陸町防災庁舎。（撮影：銀河浴写真家・佐々木隆）

When the balzing sun is gone when he nothing shines upon. Then you show your little light.

輝く太陽がなくなったら、私が小さく輝けばいい、小さな私でもだれかの心の光、希望のひかりとなるように一生懸命頑張ります。

菊地里帆子※48

★被災地を覆った星空

２０１１年3月11日、東日本大震災が起きた。千年に一度の大震災に津波。そして原子力発電所の事故。多くのいのちをうばっていった天災と人災。しばらくの間、ニュースに釘づけになり、被災地にいる知人たちとの連絡にやきもきし、自分自身の効率の悪い情報収集や発信に苛立ち、心配するだけで疲れる毎日が続いた。仙台在住の高校時代の友人、坪田朋子さんが、インフラが整備されない中、周辺の人々の支援に駆け回っている様子を伝えてくれる短いメール、それに対して、少しずつ自分が支援できることを見つけられたことが逆にありがたかった。

3月11日の夜、東北地方は広範囲にわたり停電し、その夜空には美しすぎるほどの満天の星空が広がったという。「地震で宇宙までなにかが起きたのかと思った」と振り返る方もいるほどだ。人々は、津波に流されながら、寒さにふるえながら、不安にたえながら、その星空を見上げていた。毎日メールを交わしていた坪田さんが、震災から2週間たってこんなメールを送ってきた。

「バタバタしてずっと言うのをわすれてた。あの夜、携帯の電波を探して外に出たとき、とんでもない満天の星空が広がって、それを見た瞬間、『あぁ、私、生きてる…』って思ったんだよね。それをすごく伝えたいと思ってた。」一瞬にして鳥肌がたって涙が出てしまった。あれだけの大混乱の中、人に「生きている」と体で感じさせてくれる星空。これはいったい何なのだろう。

その後、ブログや新聞の投書や記事から、あの日、恐ろしいばかりの満天の星空に人々は何を見たのか、それを垣間みる機会がたびたびあった。それまでずっと感じてきた人々の心の中にある宇宙、星空、それが内包する力というものを、これほど見せつけられたときはなかった。

★エピソードのいくつか

「何度もよみがえるのは、3月11日夜の、あの美し過ぎるほどの星空である。地上の惨劇と天上の美眺の相対は何を告げようとしていたのか。」（伊集院静さん〈作家〉、２０１１年4月24日「読売新聞」）

「（前略）何でこんなに星がキラキラときれいに輝いているんだろう、こんな大きな災害のあった夜なのに。私の目から涙があふれた。（中略）3晩目に電気が付いた時は思わず万歳をした。テレビを付けると映し出された被害の大きさには声もなく、ふと、あの夜の星空は亡き人が道に迷わず天国へ行けるようにと導く明かりだったのではないかと思った。（後略）」（大葉裕子さん、２０１１年4月17日「河北新報」）

「停電になっている中での激しい揺れ、いままでに感じたことのない恐怖と不安な状態の中、夜空を見上げれば満天の輝く星。こんなに大変な時なのに、思わず『星がきれい』と思ったことを覚えています。人は、どんなに困難な状況の中でも、輝く星を見て『美しい』と感じる心が残っているものなんだなと自分でも驚きました。その心が残っているうちは大丈夫かもしれないとも思いました。」（「子どもの笑顔プロジェクト」のブログより）

「（前略）ところが、同じようにトイレに行った11歳の息子が、満面の笑みを浮かべて戻ってきた。『星がね、すごいんだよ。お母さんも一緒に見ようよ』

何で今さら星なんて、と言う私を残して息子は、『星空散歩』と言いながらまた外へ。それならと、2回目にトイレに行った時、思い切って重い頭を上に向けてみた。

するとそこに広がっていたのは、電気の消えた漆黒の仙台の夜空から、こぼれ落ちてきそうな星、星、星。

見たこともない美しい星空に、ためていた涙が一気にあふれだした。仙台はこんなに星が見える街だったんだ。子どもはこんな時でも、それに気づくことができるんだ。

人間は一生懸命、生活の便利を追求し、夜の街をまぶしいくらいに照らしてきたが、本当にそれは必要だったのか。心の底から考えさせられた。

同時に、こんな悲惨な状況でも、美しいものや楽しいものを見つけられるすてきな子どもたちを、何としても守っていかねばと、弱気になっていた心に活を入れられた忘れられない夜だった。」（阿部美奈子さん、２０１１年３月27日「毎日新聞」）

祖母とともに倒壊した家屋の片隅で９日間救出をまっていた高校１年生の阿部任さん。

「救出劇の６日後、入院中の病院に任さんを見舞ったアトリエ教室代表、新妻健悦さん（63）は救助までの間、どう過ごしたのか尋ね、その答えに驚いた。『夜空の星がきれいでした』。」（２０１１年３月30日「読売新聞」）

「名取市閖上《ゆりあげ》小６年生菊池里帆子さん（11）『他の学校を借りて授業が始まり、児童代表として、新しい先生への歓迎の言葉を言いました。大好きな街を失ったあの日のことを話しました。〈津波は渦を巻き、おおいかぶさってくるように閖上を消していきました。真っ暗な校舎の中、みんなではげましあいながら助けを待ちました。……私たちはこれから、応援してくれる人への感謝を忘れず、精いっぱい生きていきます。あの夜、真っ暗な空に輝いていた星たちのように。希望の星となるように〉。あの夜は、星が怖いくらい光っていた。悲しかったけれど、停電であかりがなくても星はすごい光っていた。そういう存在になれたらいい』」(2011年5月23日「朝日新聞」)

★被災地を訪ねて

これほどまでに人々の心に刻まれたあの日の星空。星空を見ると、あの時が思い出されて、今もなお見上げることが困難な方も数多くいるだろう。けれども、誰かとともに見上げることで、隣の人といつもと少し違う会話ができたり、面と向かっては言わないことが出てきたり、心がすーっとしたりすることもきっとあるだろう。そんな想いで、2011年夏以降、1年に数回以上、「星の語り部」(4章参照)の仲間や、「星つむぎの歌」(7章参照)の覚さんや丸尾さんとともに、三陸沿岸部を訪ね、5年間で40か所ほどで、プラネタリウムや星空観望会、星空コンサートなどを行ってきた。

ある仮設住宅で移動プラネタリウムを投影したとき、自治会長さんがこうつぶやいた。「天国っていうのは、あそこにあるのかねえ」私は、はっとして、「きっとそうですよね、たぶん、すごく美しいところなのだと思います」と、少し小さい声で言った。すると、「そうだよなあ、みんな帰ってこねえもんな。いいところなんだよな」と。

数々のエピソードの中に、津波に飲まれた人々はあの満天の星に導かれていったのかも、と人々が語ったことを思い出した。無常で理不尽に思える多数の死を、なんとかして自身の中に受け入れていくために、人々にとって必要なのは物語なのだろう。そこに満天の星空があったことは、きっと一つの救いだったに違いない。

「ほしぞらとてのひらと」※49　作詞：覚 和歌子　作曲：丸尾めぐみ

思わず仰いだ　あの夜の
空には降るような　星明かり
昨日と変わらぬ永遠《またたき》は
立ちすくむ街を抱いていた
私たちはもう何度も　全てを失くして

真冬の暗闇　うずくまった
風がすさぶ荒野から　歩きだしたとき
聞こえた歌を忘れない
つたなく幼いものたちは
静かに許され　ここにある

ひとのかたちした　よろこびで
青ざめた星を　満たすため

私たちはもう何度も　ひとりきりになって
ふるえる炎に　向かい合った
このからだひとつあれば　また生きていける

寄り添うあなたの手を握って

私たちはもう何度も　全てを失くして
そのたび灯りを　さがしあてた
このからだひとつあれば　また生きていける

出会う誰かの手を握って

15

手紙を書くこと、見上げること

白樺の向こうに輝く満月。（撮影：跡部浩一）

二度とない人生だから
一ぺんでも多く
便りをしよう
返事は必ず
書くことにしよう

坂村真民※50

★人生のキーワード

「手紙」は、私の人生のキーワードの一つ。大きな岐路にあったとき、いつも手紙があった。星野道夫さんに会えたのも、はじめてのアラスカ一人旅ができたのも、私が送った手紙への返事のおかげだった。亡くなったあとに星野さんにあてた手紙は、自身の人生の指針表明でもあった。そのとき、いつかミュージアムをつくろうという夢を思い出し、まずは科学館に就職しようと心に決め、全国50館ほどの博物館・科学館へ手紙を送った。その手紙の熱意を受け止め、連絡をくださった方が何人かいらして、のちのちまで、助けていただくことにもなった。山梨県立科学館の前身である、青少年科学センターにも手紙を出していた。センターの所長さんが新しい科学館の職員募集をしていることを教えてくださらなかったら、私のその後の人生はまったく違うものになっていた。出逢うべき人にも出逢わずに。

★手紙とプラネタリウム

星を見上げることと、手紙を書くことは似ている。その時間が生み出す価値という点において。相手を想うこと、自分をみつめなおすこと、そんな時間を、どちらの行為も与えてくれるように思うのだ。私がこれまで制作してきた20本以上のプラネタリウム番組には、手紙の登場率が高い。「戦場に輝くベガ」（11章参照）のストーリーはすべて和夫と久子の手紙のやりとりで構成されているし、「星月夜」（5章参照）は、主人公の青年が一晩、星とともに過ごして気づいたことを彼女への手紙にしたためるシーンで終わる。「二人の銀河鉄道」（12章参照）も、賢治と嘉内が互いに交わした手紙が物語を支えているし、「きみが住む星」（原作・池澤夏樹）※32という番組も、世界を旅する青年が、恋人にあてる手紙で構成される番組である。

そんな星と手紙の親和性から、手紙を使った企画もよく行っている。いくつかの大学の「宇宙の科学」という講義を受け持っているが、その課題の一つに、「本講義で新たに気づいたこと、感動したことを、誰かに伝える手紙を書く」というテーマを出す。先生になって生徒に伝えること、看護師になって患者さんに語ること、将来の自分へのメッセージ、遠く離れた両親や今は亡き人への手紙。多くの学生が、星の生と死や、広大な宇宙に生きる自分の姿や相手に出逢えた奇跡などを切々と書く。

以下の手紙は、日大芸術学部の学生が、授業で出た話に共感と違和感のどちらも示しながら、自分なりに星を見ることの意味を、「生まれなかった兄」に対して書いた手紙である。

「拝啓　まだ見ぬ兄へ

見たこともない僕のお兄さん、あなたが生まれてこなかったこと、先日それが本当のことだと知りました。

（中略）

生まれることはない兄さん、宇宙が何でできているか知っていますか？

宇宙の中は23％がダークマターと呼ばれる見えないいくらい小さい物質で、73％がダークエネルギーと呼ばれる正体のわからない大きな力でできています。銀河系は常に回っていて、2億年で1周だそうです。近い星も遠い星も、2億年で1周。そこには見えない力が働いていて、そのおかげで、本来遠心力で銀河の外へ飛ばされてしまう星も飛ばされることもなく、銀河は形を保っていられるのだそうです。

僕は物事は無数の要素でなりたっていると思います。
僕の誕生には、両親の存在が欠かせません。その両親の誕生にはまた両親の誕生が欠かせません。その両親、また両親も……そうやって数えていくと10の３０００乗ぐらいの人が僕の誕生には欠かせないそうです。
だけど、そういわれても自分から遠すぎて実感がわきません。僕はあなたが生まれてこなかったそのことが本当だと知ったときのほうが、よっぽど自分が生まれてきた奇跡を感じます。兄さんの誕生には何が足りなかったのでしょうか。

生まれてきたものより生まれなかったものの数を考えると、今、存在していることがどんなに素晴らしいかがわかるような気がします。

僕は今日、誕生日を迎えました。
生まれてこなかった兄さん
あなたが星空にいるような気がしてなりません。
人が星空を眺めるのは、誰もが押しつぶされそうな大きな力を感じながらも、そこに死んだ人や生まれなかった人を見るからだと思います。

僕も大きな力の中にあなたを見ます。」（吉田広大）

★星空書簡

「星つむぎの歌」を一緒につくった詩人・音楽家の覚 和歌子さんたちと、「星空書簡」というワークショップを何度か行った。きっかけは東日本大震災だった。震災の夜の満天の星空を見上げていた人たちのエピソードに、何度も心が震えた。その星空を語ることが、心の解放につながるのでは、と思い、「星を見上げ、誰かに手紙をかく」という企画を考えたのだ。ご縁のあった陸前高田で、「星空書簡」ワークショップを行った。

決して誘導しているわけではないが、亡くなった誰かにあてる手紙を書く方が多い。それは被災地という土地でなくてもそうである。「人は死んだら星になる」という言葉は、ずっと昔からあって、人は魂として生き続けることができるという、人々の願いでもあるのだろう。肉体を失った大切な誰かを星にすることで、いつでも見守ってもらうことができる。見上げれば対話をすることができる。

手紙は、一人ひとりの人生が見え隠れする、とても個人的なもの。けれども、このワークショップでは、読んでもいいよ、という人が、だんだんと手をあげ、一人ひとり読みはじめる。

共鳴の空気が動く。覚さんがよく表現する、「自分の井戸の深いところに降りて、言葉を探すと、誰かと海の底でつながるようなそんな言葉に出逢える」時間になる。

２０１４年、「星空書簡」に参加してきた熊谷穂乃花さんは高校2年生だった。人一倍豊かな感受性を持ち、いろんなことで悩んでいた彼女が、私の星空の話や覚さんの言葉に出逢い、手紙を書いた。それを聞いた会場全体は、涙であふれかえってしまった。彼女の人生にとっても、私たち企画者にとっても深く心に刻まれる出来事となった。

今、彼女は大学生になり、将来の夢にむかってあるきはじめている。

宇宙の神さまへ

こんにちは。私は小さな街に住む16歳の高校生です。

今の私は、これから始まる長い長い自分だけの人生を、どう生きようかとすごく悩み、考え続けています。そして、人間である自分の存在が何なのか、人生とは何なのか、いつか必ずおとずれる人間の死というまでの時間をどう過ごせばよいのか、いつも考えています。

そんな私に案内が届き、そして今日、宇宙の世界へ行きました。プラネタリウムを体験したのです。まるで、宇宙空間を泳いでいるようでした。私が想像していた宇宙の規模はほんの一部で、果てしなく広がる不思議な空間がありました。銀河の中の惑星の中の地球という美しい星の美しい海に囲まれている海洋国のこの日本という国の人間の一人である私。すごく不思議だけれど、すごい奇跡であることは確かです。

何の答えもない、この奇跡であふれた世界で、たくさんの景色や自然にふれ、この神秘的な世界を1日1日、味わって生きていきたいです。これから始まる長い人生の中で、苦しくて悲しいときがあったときは、空を見上げ、星たちが見守っていることを忘れず、たくさんの人とふれあいたいです。

美しい光と孤独な闇が交じり合うこの世界で、たくさんの心にふれあえたらと思い、この手紙を宇宙の神様に捧げます。

熊谷穂乃花

16 音楽とともに

Space Fantasy LIVE の一コマ。福岡にて。（提供：NPO 法人子ども文化コミュニティ）

人はなぜ、歌うのだろう。（中略）人が、ことばにリズムを付け、メロディーに乗せ、ハーモニーを重ねて歌うことをこんなに愛するのは、なぜだろうか。
たぶんそれは、宇宙そのものがうただからだ。宇宙の時間を打つリズムと、宇宙の歴史を奏でるメロディー、そして宇宙の空間に満ちるハーモニーの幸福な三位一体によって、宇宙は今も歌っている。

晴佐久昌英※51

★音楽と星空は高めあう

ある中学校での講演後にこんな感想をもらったことがある。「ぼくはある一つの考えにたどり着きました。それは宇宙と音楽は似ているということです。美しいこと、人々に安らぎを与えること、時代や方法によってとらえ方が変わること……」。私は講演の中で、いつもの演出として音楽をフル活用していたが、特に音楽の説明をしたわけではなかった。「似ている」といった彼の感性がとても素敵だ。彼が書いてくれたとおり、美しいことや心に訴えかけてくること以外にも、音楽を楽しむことと星を見上げることはどちらも、ほとんどの人が体験をしている、という共通点がある。おそらく長い人間の歴史の中でずっと。

プラネタリウムという場にとっても、講演をするときも、音楽はなくてはならない存在である。言葉を超えて、魂を揺さぶる力を、音楽は持っている。プラネタリウム番組の制作や講演の出来の半分ほどは、共感できる音楽家とともに仕事ができたかどうか、が鍵を握っている。宇宙や星空の深淵さは、音楽家の表現の源泉になり、音楽は映像や言葉を立ち上がらせる。それは互いに引き合うもの。出逢いながら、互いに生み出し、生み出しては出逢いということが、自身の人生でずっとつづいている。

作曲家・ピアニストの小林真人さんに逢ったのは２００６年。最初に聞いたコンサートに衝撃を受け、それから毎日くりかえし彼のピアノを聴いていた。何度聴いても飽きることのない音楽。山梨県出身の彼の音楽の原点には、八ヶ岳の自然があり、生きている意味への問いかけがある。いくつかのプラネタリウム番組を共につくる経験を経て、「Space Fantasy LIVE」という宇宙の映像と音楽と語りが融合した新しい公演スタイルが生まれたのも、彼の物語性あふれる音楽のおかげである。

何度も公演をくりかえす中で、Space Fantasy LIVE のためのオリジナル曲がたくさん生まれた。私の半生をなぞって描いてくれた「星の道を」について、これが収録されたアルバム「約束の星―星といのちの物語」※39のライナーノートに私はこのような想いを寄せた。

「喜びや哀しみに満ちた人生の中で、時に、私たちは生きている意味を見失う。そんなとき、『星の道を』を聴きながら、無数の星の中をゆっくり歩き、星と星の間にある暗闇をのぞきこみ、その奥に広がる宇宙と呼ばれる領域を想像してほしい。きっとそこには、自分に連綿とつながる無数のいのちが見え、広大な宇宙にうかぶ蒼い星に、たった今、自分がここに生きて誰かと出会えたことの奇跡が見えるだろう。」

★musicaという概念

自分自身は音楽のことを深く学ぶでもなく、感性と出逢いだけで、星空と音楽の親和性を感じてきたが、musicaという概念に出逢ったとき、星空と音楽は根源的につながっていたのだ、と知った※52。musicという言葉の語源である、ラテン語のmusica（ムジカ）というのは、調和の根本原理ということを意味する。そしてその調和がハルモニア、つまりharmonyである。古代ギリシャ人は、音楽には三つの種類があると考え、それは「宇宙の音楽」（ムジカ・ムンダーナ）、「人間の音楽」（ムジカ・フマーナ）、そして、「器楽の音楽」（ムジカ・インストゥルメンタリース）であった。「ムジカ・ムンダーナ」は、宇宙の調和のことを意味し、規則的にめぐっていく星々が音楽を奏でているという発想によるもので、「ムジカ・フマーナ」は、人間の魂や肉体の調和を示す。そして「ムジカ・インストゥルメンタリース」が、私たちの耳に届く、いわゆる今の「音楽」につながっている。そして、その音楽を支えるのは、数学である。このような思想は、ギリシャ時代のリベラル・アーツ、つまり自由になるための教養・学問の基本に、天文学、幾何学、数論、音楽があったことに現れている。

私たちが日常使う言葉には、どうしても国境がある。けれども、音楽や数学には国境はなく、おそらくこれらには、国境どころか、〝星境〟さえもないのだろう。地球人が他の星の生命とコンタクトするのであれば、それにはもっとも音楽と数学が有効なのだろう。

それを、体現しているのが、アメリカの宇宙探査機・ボイジャーが抱えるゴールデンレコードである。ボイジャーは、科学的な成果を次々に見せつけた惑星探査機であったが、もし宇宙人にあえたら、地球はこんな星、と差し出せるように、地球の情報を入れ込んだそのレコードを抱えて出かけていった旅人そのものでもあった。

理論物理学者の佐治晴夫先生は、ゴールデンレコードの責任者であったカール・セーガン氏に、レコードにバッハのプレリュードを入れるように提案したそうだ。この曲は、数学の美しさをそのまま音楽にしたようなものだから、だそうだ。私たちが聴いて心地よいと思える和音の音の波長（振動数）はきれいな整数比になることが多い。たとえば、ド・ミ・ソの和音は、振動数が4：5：6の比率となり、ファ・ラ・ド、ソ・シ・レもそうである。その一番の基本系がずっと保たれているのが、プレリュードだという。

古《いにしえ》の人たちは、天空の星々が、耳には聞こえない音楽を奏でていると考えていた。音楽は数学であり、根本原理であった。それはある意味、中世の科学者、ガリレオ・ガリレイが「宇宙は数学という言語で書かれている」と言ったこととつながるのだろう。人々が長い時間をかけて積み上げてきた、星の言葉を読み解く作業。その解の代表は、音楽であった。星空という風景が時空を超えて人の気持ちをつなぐこと、音楽が人の心を一つにしてくれること、そして、星空と音楽に心を震わせること……。それは、奥深い井戸のようなものでつながっていることがらなのかもしれない。

17 宙をみていのちを想う

——医療・福祉と宇宙をつなぐ

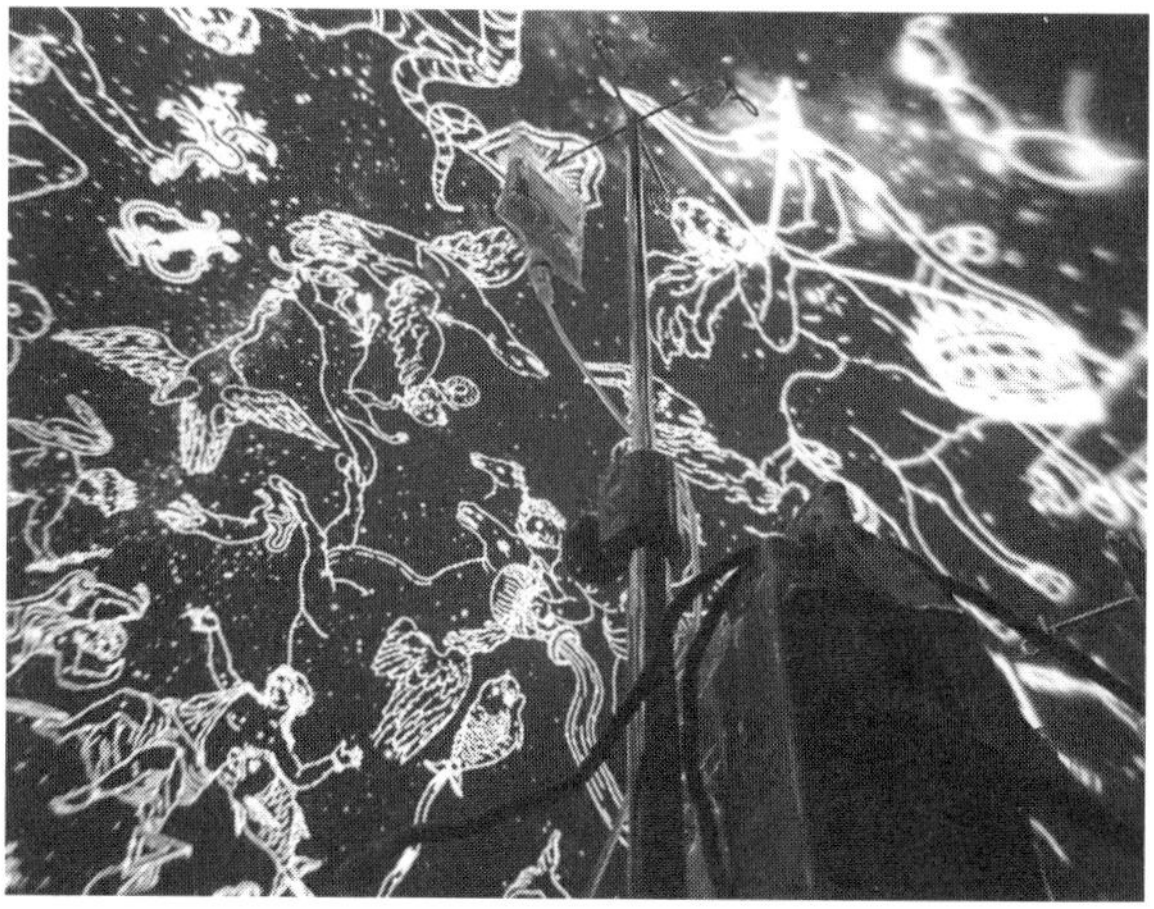

「病院がプラネタリウム」での一コマ。（撮影：松岡義一）

ぼくは、〝人間が究極的に知りたいこと〟を考えた。一万光年の星のきらめきが問いかけてくる宇宙の深さ、人間が遠い昔から祈り続けてきた彼岸という世界、どんな未来へ向かい、何の目的を背負わされているのかという人間の存在の意味……そのひとつひとつがどこかでつながっているような気がした。

けれども、人間がもし本当に知りたいことを知ってしまったら、私たちは生きてゆく力を得るのだろうか、それとも失ってゆくのだろうか。そのことを知ろうとする想いが人間を支えながら、それが知り得ないことで私たちは生かされているのではないだろうか。

星野道夫※6

★医療・福祉との接点

「いつかプラネタリウムをもって、病院や施設にいる人たちに見せることができたら」と、思い始めたのは、2001年のころだった。プラネタリウム番組「オーロラストーリー」（3章参照）を制作したことで、感性や思いを共にできる人たちとの出逢いがたくさんあったころ。こと、番組について全国から反響をいただけたのは、「星野道夫に地球の自転軸を傾けるBB

S」というネット掲示板で、「オーロラストーリー」のことをだいぶ話題にしてもらったおかげだった。その掲示板を主宰していたのが、大阪在住の鳥海直美さんだった。彼女は、私と同年代で、社会福祉を専門としていた。彼女の読む書物、聞く歌、目にする風景、それを表現する言葉はどこまでも美しく、私は彼女の表現力を心底うらやましく思うと同時に、互いに刺激し合える仲になったのが誇らしかった。

人と向き合う福祉という仕事にありながら、常に宇宙という視点を持っていた彼女から、私が得たものは計り知れず大きい。彼女と仕事をする、つまり宇宙と福祉の接点は何だろうと考えていたときに思いついたのが、「いつか病院や施設でプラネタリウム」ということだった。けれども、そのころはまだ、宇宙と福祉・医療という分野が本来的なところでどうつながるのか、ということについて自身の中で腑に落ちるものはなかった。

2004年のプラネタリウム・ワークショップにはじまった「星の語り部」の活動（4章参照）、2006年の「戦場に輝くベガ─約束の星を見上げて」（11章参照）、2007年の「星つむぎの歌」（7章参照）など象徴的な活動から多くのものを学んだ。それは、「生き死に」を考えることと、宇宙を知ることの近さである。

★在宅ホスピス医との出逢い

2010年に、山梨県立科学館プラネタリウムがリニューアルをし、それを機に、2001年に制作した「オーロラストーリー」を完全リメイクした。機器をデジタル化したおかげで、オーロラの映像も以前より格段にリアリティのあるものが出せるようになった。そのころ在宅ホスピス医として有名な内藤いづみ先生と直接お話しする機会があった。ホスピスでプラネタリウムをやってみたい、ということをお伝えしたのをきっかけに、急速に交流が始まった。彼女の患者さんに、「死ぬ前に一度でいいからオーロラをみたい」という末期がんの方がいると聞いた。科学館の近くにお住まいということで、ドームでオーロラを見ようということになった。付き添いの方々、内藤先生のスタッフの方々など十数人が見にいらした。オーロラ映像と音楽のみの10分程度の時間であった。実はご本人は、すでに意識もうつろだったので、オーロラを見て何かを感じられたかは、わからない。でもご家族もスタッフも大変喜んでいかれた。

後日、一緒にいらしていた看護師で、小さい娘さんを亡くされた経験をお持ちの方が、「娘に逢えた」と漏らしていた、ということを聞いた。「オーロラストーリー」本編ではなく、オーロラ映像をお見せしただけなのに、番組のメッセージである、「地球と宇宙をつなぎ、生と死をつないでいる」ということを、彼女自身の経験から感じていたのである。鳥肌の立つ思いだった。

この体験は、内藤先生との新しい企画を早めた。「宙を見ていのちを想う〜オーロラとともに」※53というイベントだ。先生のホスピスを学ぶ仲間たちの素敵なネーミングだ。先生のホスピス講演、プラネタリウム番組「オーロラストーリー〜星野道夫・宙との対話」鑑賞、そして、先生と私の対談「いのちはみんなつながっている」という三部構成でおこなった。２００１年の「オーロラストーリー」をきっかけにいつか宇宙と福祉や医療がつながれば、と漠然と思っていたのが、２０１０年の「オーロラストーリー」とともにそれが結実したことに、感慨深いものがあった。「オーロラストーリー」の最後で語られる星野さんの言葉（本章の冒頭の引用文）が、このイベントタイトルを説得力のあるものにしてくれた。

その後、内藤先生と長年のおつきあいのある、タレントの永六輔さんとのコラボレーションにも発展した。山梨のテレビが制作する、永さんにフォーカスした特別番組のために、プラネタリウムでイベントをすることになったのだ。彼の体調によっては、出演がかなり厳しい、とスタッフが心配を抱えてのイベントだったが、その日の永さんは絶好調で、たくさんお話をされていた。プラネタリウムの満天の星空の下、会場のみんなで永さん作詞の名曲「見上げてごらん夜の星を」を歌った。内藤先生がおっしゃるには、永さんはご自身の歌を歌うことがほとんどない、という。それが、その日は、プラネタリウムの満天の星空に包まれて、彼は確実に声をあげて歌っていた。まさしく、星の力に突き動かされてのことだったのだろう。

★天文好きの小児科医

2007年、「ユニバーサルデザイン天文教育」をテーマにした研究会が山梨で開かれ、山梨大学附属病院の小児科医である犬飼岳史先生に出逢った。小さいころは天文学者になりたかったという彼は、今も天文少年のように、美しい天体写真が撮れるとすごく嬉しそうに見せてくれる、とてもピュアな人。しかも、小児がんなど長期の治療を強いられる子どもたちを相手にしているお医者さんである。病室でプラネタリウムをやったらどうだろう、というこちらの提案が、承諾されないわけがなかった。まだ、十分な機材を持ち合わせていなかったが、病院内でのプラネタリウム計画をたて、それはあっという間に実施された。家庭用のプラネタリウム「ホームスター」と傘式のドーム、部屋を一生懸命暗くして行った初の「病院がプラネタリウム」だった。後日、「ふだんあまり笑わない子が翌朝、嬉しそうに星を見た、と言ってとても嬉しかった」という先生からの報告を聞いた。きっとこれは求められるものになっていくだろうという実感。これも、2001年に漠然と描いた想いが一つ形になった日であった。それから1年に1回ほどは、犬飼先生のところにお邪魔して、観望会やプラネタリウムを細く小さく続けていた。

★「病院がプラネタリウム」

本格的に、「病院がプラネタリウム」というプロジェクト名をつくり、ライフワークの一つになったのは、2013年に科学館の正規職員を辞し、独立してからのこと。絶妙なタイミングで、製薬会社からの助成金を提案され、プロジェクトを始めることができた。犬飼先生が知り合いの小児科医に声をかけて下さったことも、とても大きな力となった。主に対象としてきたのは、長期入院している子どもたち、重度心身障害者と呼ばれる難病の人たち。ドームで行うプラネタリウム投影の一番の醍醐味は、街の明かりを消して満天の星空が現れる時間。みんなで目をつぶって、カウントダウンをする。「10、9、8……ゼロ！」「さあ目をあけよう」と言う瞬間の、子どもたちやスタッフの大きな歓声、そのたびにこちらが泣きそうになる。何故あの、小さな点像がたくさんあるだけの、ニセモノの星空に、人々は感動するのだろう。星が嫌いという人はほとんどいない……そう思うたびに、星を携えた仕事ができることに無上の喜びを感じる。

「私が星にお願いしたいことは、どうか病気がなおりますように、ということです」「広い宇宙の中にいることがわかって、生きているのは奇跡だと思った」という子どもたちからの感想や、「夜の時間が楽しみになりました」という保護者の方からの感想、「癒されました」というスタッフからの声。

「子どもたちも家族もスタッフも、ボランティアも、すごくいろんな立場の人たちが、同じように体験できるのが素晴らしいですね」と言っていただいたことがある。病院という社会の中にあって、医師と患者の関係性は、「治す人」と「治してもらう人」。一種の上下関係のようなものがある。けれども、プラネタリウムの中で、お医者さんが、口をあけながら、一緒に「おー」とか「わー」とかつぶやく。そのことが、患者側に与える安堵感はどれだけのものだろう。

ある病院では、こんなこともあった。プラネタリウムをとても楽しみにしていたのに朝から調子が悪く、見に来られないかも、という女子中学生のKさんがいた。子どもたちの楽しみを日々つくりだしているチャイルドライフスペシャリスト（CLS）のMさんが、Kさんの大好きな曲をリクエストしてくれた。「You raise me up」、あなたがいると私はがんばれる、という意味の有名な洋楽だ。Kさんはなんとかプラネタリウムにやってきた。その日、病院から見える星空、ライトダウンした満天の星、そこにちりばめられる星座たちを巡ったあとは宇宙旅行。地上を飛び出して、地球を眺め、惑星を訪ねてゆく。私たちのいる地球が、どれだけ広い宇宙の中にいるのか視野を広げる。太陽系、銀河系、銀河団……

Kさんは、手持ちのスマホで、一生懸命動画撮影をしている。途中で、「あ！」という彼女の嘆きの声が聞こえる。せっかくとった動画を削除してしまったようだ。残念がる彼女のために、投影が終わったあと、Kさんとお母さん、CLSのMさん、そして私だけがドームに残って、再度、大好きな音楽をかけながら、宇宙を漂い、青く愛おしい地球に帰っていった。大人3人は、すっかり涙であったが、ご本人は、「めっちゃ元気でた！」と、ほんとうに幸せそうな顔になって病室へ戻っていった。朝の具合が悪かった様子を知っていた看護師さんが唖然としたほどに。

星に向かって語りかけても、何も答えはしない。何かをくれるわけでもない。しかし、星は、何故か私たちに夢や希望を与える。生きろといわんばかりに。自然というものは、はるか人間の力の及ばないところにあるからこそ、傷ついた人を癒す力を持つのかもしれない。いつも眺める病院の殺伐とした天井に、夜になれば星空がでてきてくれたら、どんなにいいだろう。いつか、そんな日がくることを目指しながら、「病院がプラネタリウム」に、心と体を傾けていきたい。

この活動の一番最初の原動力を与えてくれた鳥海さんが、2016年3月、私が科学館で行う最後の投影の日に寄せてくれたエールを紹介したい。

この場所で、この場所に、この場所から
「障害のある子どもや学生のなかには、
プラネタリウムに行くことが難しい状況に
　置かれている人や、
星を視覚でもって見ることが難しい人がい
　る。」

この場所であなたが語りはじめた頃、
そのようなことを何気なくつぶやいた。

その言葉は、
この場所で、あなたから息吹が与えられ、
この場所で、翼が育まれ、
この場所から、羽ばたくようになった。

やがては、
全国のそこここで暮らす障害や病気をもつ
　子どもたちに宇宙が届けられた。

あなたが届けてくれた宇宙のすべてが
この場所につながっている。
あなたが紡ごうとする物語のすべては
この場所につながっている。

今ごろのツバメは
星の道を頼りにして、海の上を渡っている
　だろうか。
ツバメも、わたしも、あなたも、
星を見上げて、いのちに思いを馳せる。
それぞれの、この場所から、おなじ宇宙で。

18 星を「とどける」仕事へ

移動プラネタリウムの前で。（提供：joy.net）

生きているということ
いま生きているということ
それはミニスカート
それはプラネタリウム

谷川俊太郎※54

★科学館から外へ

20代のころ、同年代の知人が相次いで亡くなった。大学のクラブの後輩、先輩がそれぞれ事故で、同じ学科の先輩が雪崩に巻き込まれて。そして、26歳のときに、星野道夫さんの急逝。そういった知人の死は、人生の短さをつきつけられ、「明日死んでもいいように今日を生きなければ」という焦りと同時に生きるエネルギーを与えられた。もちろん真のエネルギーになるまでに、多くの行き場のない悶々とした時間を要したけれども。

年を経れば経るほど、自分に残される時間の短さを思う。その短い時間の中で、どれだけ、出逢うべき人たちに出逢えるか、自分が他者のために何かができるか、そしていつかミュージアムと思っていた夢をほんとうに実現できるのか……切実さは増していく。組織の中で働いていると、そういった思いとは別の次元で、組織のために費やす時間が増えていく。私はずっとこの組織の中で生きていくのだろうか？　山梨県立科学館という、自分の仕事のすべてがここから始まり、多大なる愛着をもって共に育ってきた大切な場所。そこを離れるのか？　と、具体的に考えはじめたのはいつだったろう。

ちょうど「星つむぎの歌」のプロジェクトから派生して、「星つむぎの村」という構想ができはじめた2010年あたり。覚　和歌子さんに「で、真理子さん、いつやめるの？」と聞かれ、自分の心がきれいに半分ずつ、「やめるなんてムリ」という思いと、「そうか、やめるという選択があった」という思いが、一度に交錯して、それからしばらく気持ちが落ち着かなくなった。仕事や創作をしてきた多くの仲間と一緒であれば、いつか自分で場をつくりたいという漠然とした思いはきっと実現するのだろう、という考えにどんどんと傾いていった。覚さんの「そのときがくればきっとわかるでしょ」という言葉を、心の片隅に置きながら、相変わらず忙しい毎日を過ごしていた。

2010年は、科学館のプラネタリウムをリニューアルした年である。このリニューアルの機会は、私にとって、二つの相反する力、科学館に引き留められる力と、外に向かっていく力が同時に働いたときだった。このリニューアルで、日本ではじめて「プレアデスシステム」を導入、プラネタリウム業界の中で大きな話題となった。メガスターⅡA、それと連動するステラドームと、UNIVIEWというスペースエンジンを抱えた新しいシステムである。実は保守的なプラネタリウム業界を揺り動かすような出来事でもあり、それがいかにムチャぶりだったか、ということは、メガスター開発者の大平貴之さんの本※55を読めばわかっていただけるだろう。ムチャをしながら、お客さんには上質なものを安定して見せる責任が増していた。

一方、ここで出逢ったデジタルプラネタリウムは、私が向かう道を外へと押し出す大きな要因となった。デジタルプラネタリウムは、地上からの星空のみならず、最新の天文学が伝える「宇宙観」を描く。宇宙空間どこでも自由自在に旅することができ、私たちの地球を宇宙から飽くことなく眺めることができる。私たちが、宇宙の中の点のような存在であることを〝体感〟させてくれるものなのだ。そんなすごいツールが、ノートPC1台に収まり、どこにでも持ち歩ける時代になっていた。

2010年秋に完成させた「オーロラストーリー～星野道夫・宙との対話」（2001年版の「オーロラストーリー」の完全リメイク版）もまた私を外へと押し出すきっかけを与えた。その音楽を書き下ろした、作曲家・ピアニストの小林真人さんと私に、〝一緒に〟公演してくれという依頼がきたのだ。山梨県内、八ヶ岳南麓にある小学校の体育館の大きな白い壁がスクリーンとなり、「まるでプラネタリウム」のような空間が実現した。そこに、生の演奏と私の語り。

これを企画してくれた立岩優子さんは、5年経てもなお、「あのときの感動は忘れられない」と保護者の方たちの感想を伝えてくれる。2011年の秋。のちにSpace Fantasy LIVEと呼ぶようになった、私たち独特の公演スタイルの始まりだった。「星を届ける」ことが一気に現実味を帯びてきたことに、私は興奮していた。

その年も押し迫ったみそかの夜、知人から、日大芸術学部で宇宙の授業をやらないか、という電話が入る。思いがけない依頼だったが、一瞬にしてさまざまな思いを巡らし、きっとこれは、覚さんが言ってくれた「そのとき」なのだと感じた。そしてゆっくりと考え直しながら、2013年は私が43歳になる年だということに気づき、「そのとき」という想いが確信にかわる。43歳は、星野道夫さんが亡くなった年齢だ。

年明け早々、私は館長に、来年度いっぱいで正規職員をやめたい、非常勤をやらせてほしい、ということを伝えた。伝えたあとに、「ほんとうにいいのだろうか」ということを想い、その状況を想像してみたときに、自分がどんな感情になるのか、しばらくよく観察してみよう、と思った。個人事業なんてやっていけるのかと不安が増すのか、それとも未知の世界へのわくわく感が勝るのか、と。結果は、わくわく感のほうがはるかに大きかった。新しいものに出逢うことが私はほんとに好きなのだ。自分が決めたことを、あとで良しとするのか後悔するのか決めるのはすべて自分。そのとき、決して後悔しないということだけ決めておけば、人生はかなりラクになるような気がする。

★「つなぐ」「つくる」「つたえる」そして「とどける」

「独立しよう」と決めて以降、それを後押ししてくれるような貴重な出逢いがまだ待っていた。ある企業の社会貢献担当をされていたMさん。単にモノやお金を寄附するのではなく、会社の資産を使って心を動かす社会貢献ができないものか、とずっと考えてこられた中で、私の活動に目を向けてくださった。社員向けの研修でSpace Fantasy LIVEをやらせていただくことから始まり、やがて、会社の社会貢献活動として活動を支援いただくことにつながっていった。活動が始まってまもない、単なる個人事業主の私に。この一歩があったからこそ、今、こうやって進みつづけていくことができている。

それまで「つなぐ」「つくる」「つたえる」ことを仕事のキーワードにしてきたけれど、いよいよ「とどける」ことへのシフトが始まったのである。これまでやってきたことをすべて抱えて、出逢ってきた人たちとともに、そして、届けるべき人たちに逢いにいくために。

岩手県花巻市の小学校でのSpace Fantasy LIVEに、小学校6年生の女の子から、こんな感想をもらった。「宇宙から見ると地球はほんの一部だとわかりました。その中でも、日本、岩手、花巻、大迫町、亀ケ森小学校、教室、そして自分。とってもとっても小さな生き物だと感じました。自分が生まれてきてほんとうによかった、という気持ちや、人間はいい生き物だなあ、私を生んでくれた親、そのまた親、そのまたまた親……もっとつづいているから一人もかけなくてよかったな、などと感じたので、なぜかたくさん涙があふれてしまいました。」

こんなふうに、一人ひとりが、広大な宇宙の中の、小さな、そしてかけがえのない存在であることを、実感しながら生きていくことができたらきっと世界は美しくなる。それが、「星をとどける」仕事の一番の想いである。ふだんなかなか星を見ることができない人たちにも、忙しい毎日に、星を見ることを忘れてしまっている人たちにも、哀しみや苦しみの中にある人にも、すべての人に星をとどけていきたい。

とどける星空は、人々が積み上げてきた科学が描く深淵な宇宙。とどける言葉は、私が多くの人から教えてもらった内なる宇宙。それらがつながるとき、一人ひとりの中に物語が生まれる。見上げることを思い出してくれさえすればいいのだ。「人はなぜ星を見上げるのか」。そのこたえは、きっとあなたの中にあるのだから。

エピローグ――星つむぎの村へ

「星つむぎの村」の仲間たち。2016年3月12日に行ったイベント前に。

人生はからくりに満ちている。日々の暮らしの中で、無数の人々とすれ違いながら、私たちは出会うことがない。その根源的な悲しみは、言いかえれば、人と人とが出会う限りない不思議さに通じている。

星野道夫※13

八ヶ岳南麓から望む雪をかぶる赤岳などの山並みの上に、どこまでも深い蒼い空が広がる。ここの人たちはそれを八ヶ岳ブルーと呼び、とても自慢に思っている。ほんとうに宇宙と言いたくなる蒼さになることがあるのだ。

20年前の冬、博士課程の3年でありながら、研究に行き詰まり、就職先も決まらず、あと1か月少しで行き場を失うかも、という状態で、かなりの精神不安定に陥っていた。そんなとき、名古屋市科学館の学芸員の方たちに誘っていただき、八ヶ岳南麓の清里に来た。館のボランティア研修に参加させてもらったのだ。世紀の大彗星になったヘール・ボップ彗星が、近づいてくるころだった。50センチの大きな望遠鏡に、まだ淡いぼやっとした光を見る。あまり大きな声で言えないが、そんな大きな望遠鏡を覗いたのは、生まれてはじめてだった。

翌日、参加させてもらったことに感謝しながら、その一団と別れ（私が歩いていくのを最後まで手を振って見送ってくださっていた）、雪の清里を歩いた。後日の日記を開くとこんなことが書かれている。「飯田線の中の中学生のあまりの素朴さと笑顔、青空にそびえる八ヶ岳、肌を刺す空気の中で登る坂道、雪を踏む音、朝焼けのばら色にそまる赤岳、かすみの中の富士山、渓谷へのトレイル、雪がダイヤモンドにひかる牧場、夕暮れの白樺とその向こうに見える甲斐駒ケ岳、温かいペンションの部屋とお食事。心揺さぶられるものばかりだった。今の自分のままではダメだと、ずっと苦しんできたが、ほんとうにそうなのだろうか。もっと自分の中に確実にあるもの、それに向き合い、見つめる、それをもっと知ったほうがいいのではないか。」

行先は見えなかったが、自分にとって必要なものをそこで再確認し、体の内側から熱いものが込みあげていた。久しぶりに感じた〝土地の力〟だった。その日の八ヶ岳ブルーを忘れることができない。おそらく、きっとまたここにくる、という静かな確信もあったのだろう。清里という土地が、星野道夫さんが学生時代にバイトで通っていた土地であり、生前の最後の講演会をやった場所であった、と知ったのはそれよりもまただいぶあとのことである。それから1か月もしないうちに、当時の山梨県青少年科学センターの所長さんから、新しくできる科学館で、募集があるでしょう、という手紙をいただいた。

私をここに呼んでくれた力がほんとうにあったのだと思う。その八ヶ岳を眺めながら、今、薫る風に吹かれている。蒼と緑がどこまでも眩しくて、涙があふれる。現在、八ヶ岳南麓には、いずれ「星つむぎの村」の拠点にしようと思って2011年に手にいれた自分の小さなログハウス・アルリ舎がある。そして、いよいよ科学館を退職した2016年3月にあわせるかのように、「髙橋さんの活動にどうぞ使ってください」と手を差し伸べてもらった場所もできてしまった。仲間とともに、「星の郷ミュージアム」と名前をつけた。25年前の夏、「いつかミュージアムをつくろう」と思った札幌の植物園の緑を揺らしていた風は、地球を何周もして今再び、八ヶ岳の森の緑をきらきらとさせている。

2001年の「オーロラストーリー」を作り終えたあとに、「極私的報告書」という長い文章を書いた。その最後の「未来に向けて」にこう書いている。「自分と世界のつながり、現代の科学だけではそれを語りきれない。ほんとうは科学はそれを目指しているはずなのに、多くの人々にとっては、科学が自分からかけ離れた存在になっている。そこに何かの架け橋をしたい。そのためにきっと物語が必要なのだ。それを創作していくこと、そして各自の物語をつくるきっかけをつくること、それによってまた人と出逢うこと、それをつむいでいくこと、こういうことがいつしか、プラネタリウム、その先のミュージアムでできるだろうか。」

それからあっという間に15年が過ぎた。言葉通り夢中に、出逢いの勢いでさまざまに発散した数々の活動。それらを今一度、有機的につなげていこう、と2016年に新生「星つむぎの村」※56を仲間とともに立ち上げた。プラネタリウム・ワークショップから派生して、10年以上、表現・交流・創造というキーワードで活動をしてきた「星の語り部」、「星つむぎの歌」から引き継がれる精神、「戦場に輝くベガ」が広げ続けてきた人のつながり他、自身が取り組んできたことの様々なものが、「星つむぎの村」に集約されつつある。

「星を介して、人と人をつなぎ、ともに幸せをつくろう」というのが、星つむぎの村のミッションだ。「病院がプラネタリウム」や「被災地支援」は、星空を届ける活動、現代の科学が解き明かした宇宙観を誰もが共有できるようにと願う「ユニバーサルデザイン活動」、そして、ここに来れば美しい星空に出会える、いろんな人たちを迎え入れることのできる「星の郷ミュージアム」。いずれそれは、忙しい毎日や、都会の喧騒、人間関係などに疲れたという人や、将来に悩む若い人たちがやってきて、ここでともに星を眺め、そして少し元気になって帰っていく場になるだろう。

星つむぎの村はそこに集う人たちとそこから出逢っていく人たちで形づくられていく。ここまで読んでくださったあなたが、その仲間に加わっていただけたら無上の喜びである。

最後に、今の私の仕事の半分以上をはぐくんでくれた愛すべき山梨県立科学館とそこに関わってきた方々、この本に登場し、多くを与えてくださったみなさん、ともに仕事や活動をしてきた多くの仲間たち、活動を支援してくださるみなさん、出逢ってきたみなさん、これまでの活動を本という形でまとめる提案をしてくださった新日本出版社の編集者・柿沼さん、そして仕事に夢中な私を成立させてくれる家族、そして、星となって導いてくれる星野道夫さんに心からの感謝を込めて。

2016年夏

高橋真理子

参考・引用資料一覧

1 星野道夫『アークティック・オデッセイ—遥かなる極北の記憶』（新潮社）
2 星野道夫『アラスカ　光と風』（福音館書店）
3 赤祖父俊一『オーロラ写真集』（朝倉書店）
4 稲本正『森からの発想—サイエンスとアートをむすぶもの』（ＴＢＳブリタニカ）
5 弓場隆編／訳「アインシュタインの言葉　エッセンシャル版」（ディスカヴァー・トゥエンティワン）正確にはカントの言葉「ふたつのものが私に畏敬の念を抱かせる。満天の星と私の中にある道徳法測である」をアインシュタインが引用したらしい
6 星野道夫『森と氷河と鯨—ワタリガラスの伝説を求めて』（世界文化社）
7 「特集・星野道夫の世界」『ユリイカ』２００３年12月号（青土社）
8 小林真人　オリジナルサウンドトラックＣＤ「オーロラストーリー〜星野道夫・宙との対話〜」（インディーズ）
9 覚　和歌子　本書のための書き下ろし
10 中野民夫『ワークショップ—新しい学びと創造の場』（岩波新書）
11 星の語り部サイト　２００４年のレポート http://hoshitsumugi.main.jp/kataribe/index.php?report2004
12 「ほしのうた」http://hoshinouta.livedoor.biz/archives/2009-05.html
13 星野道夫『旅をする木』（文藝春秋）
14 佐治晴夫『14歳のための時間論』（春秋社）
15 清田愛未　音楽ＣＤアルバム「星の歌集」（Manamaru Records）
16 Julius D. W. Staal 著『The New Patterns in the Sky: Myths and Legends of the Stars. 1988,』（The McDonald and Woodward Publishing Company, Blacksburg）

17 映画「地球交響曲第3番」公式リーフレット（1996年）
18 後藤明『海を渡ったモンゴロイド─太平洋と日本への道』（講談社選書メチエ）
19 覚 和歌子『ゼロになるからだ』（徳間書店）
20 平原綾香 音楽シングルCD「星つむぎの歌」（Dreamusic）
21 サン＝テグジュペリ、河野万里子（訳）『星の王子さま』（新潮文庫）
22 ダイアログ・イン・ザ・ダーク http://www.dialoginthedark.com/
23 ほしのかたりべ作／みついやすし絵『ねえ おそらのあれ なあに?』（ユニバーサルデザイン絵本センター）
24 佐治晴夫『ゆらぎの不思議─宇宙創造の物語』（PHP文庫）
25 「Memories─ほしにむすばれて」公式ウェブサイト http://www.memories-yamanashi.com/
26 田沼靖一『ヒトはどうして死ぬのか─死の遺伝子の謎』（幻冬舎新書）
27 清田愛未 音楽CDアルバム「星の歌集2」（Manamaru Records）
28 ケヴィン・W・ケリー『地球／母なる星─宇宙飛行士が見た地球の荘厳と宇宙の神秘』（小学館）
29 佐治晴夫『星へのプレリュード』（黙出版）
30 池澤夏樹『星界からの報告』（書肆山田）
31 池田綾子 音楽CDアルバム「プラネタリウム番組『きみが住む星』オリジナルサウンドトラック」（限定生産品）
32 プラネタリウム番組「きみが住む星」公式サイト http://www.kimi-yamanashi.com/
33 「戦場に輝くベガ」の中の和夫のセリフ
34 髙橋真理子・跡部浩一「終わらない物語 プラネタリウム番組『戦場に輝くベガ─約束の星を見上げて─』」（『月刊星ナビ』2014年7月号、http://www.veganet.jp/ にPDFで掲載）
35 MiltonD・Heifetz 著／松森靖夫・岩上洋子・髙橋真理子訳『星空散歩ができる本 南半球版』（恒星社厚生閣）
36 神野正美『梓特別攻撃隊─爆撃機「銀河」三千キロの航跡』（光人社NF文庫）
37 鈴木一美・浅野ひろこ『戦場に輝くベガ─約束の星を見上げて』（一兎舎）

38 神野正美『聖マーガレット礼拝堂に祈りが途絶えた日―戦時下、星の軌跡を計算した女学生たち』（潮書房光人社）
39 小林真人　音楽CDアルバム「約束の星―星といのちの物語―」（calm forest）
40 宮沢賢治『銀河鉄道の夜』（角川文庫）
41 菅原千恵子『宮沢賢治の青春―〝ただ一人の友〟保阪嘉内をめぐって』（角川文庫）
42 江宮隆之『二人の銀河鉄道―嘉内と賢治』河出書房新社
43 宮沢賢治著／保阪庸夫・小澤俊郎編著『宮澤賢治　友への手紙』（筑摩書房）
44 山梨県立文学館編『宮沢賢治若き日の手紙―保阪嘉内宛七十三通―』（山梨県立文学館２００７）
45 大明敦編『心友宮沢賢治と保阪嘉内―花園農村の理想をかかげて―』（山梨ふるさと文庫）
46 個人所蔵の資料による
47 谷川俊太郎作／えびなみつる絵『ほしにむすばれて』（文研出版）
48 菊地里帆子「希望の光～世界への感謝」http://ameblo.jp/rebirth20100102/entry-10969269957.html
49 覚　和歌子と丸尾めぐみ　音楽シングルCD「ほしぞらとてのひらと」（VALB）
50 坂村真民『詩集　二度とない人生だから』（サンマーク出版）から作品の一部を抜粋
51 晴佐久昌英『星言葉』（女子パウロ会）
52 桜井進・坂口博樹『音楽と数学の交差』（大月書店）
53 日本ホスピス・在宅ケア研究会山梨支部「宙を見ていのちを想う～オーロラとともに」記録集
54 谷川俊太郎・松本美枝子『生きる』（ナナロク社）
55 大平貴之『プラネタリウム男』（講談社現代新書）
56 星つむぎの村公式サイト http://hoshitsumugi.main.jp/

高橋真理子（たかはし　まりこ）
1970年、埼玉県出身。山梨県在住。宙先案内人。北海道大学理学部、名古屋大学大学院で、オーロラ研究を行う。97年から山梨県立科学館天文担当として、全国のプラネタリウムで類をみない斬新な番組制作や企画を行う。2013年に独立、宇宙と音楽を融合させた公演や出張プラネタリウムを「とどける」仕事へ。特に、本物の星空を見ることのできない人たちに星空を楽しんでもらう「病院がプラネタリウム」プロジェクトでは、全国の病院からオファーがある。
現在、星空工房アルリシャ代表、星つむぎの村共同代表、日本大学芸術学部・山梨県立大学・帝京科学大学非常勤講師。2008年人間力大賞・文部科学大臣奨励賞、2013年日本博物館協会活動奨励賞など受賞。共訳書に『星空散歩ができる本』（恒星社厚生閣）など、雑誌への執筆、新聞連載多数。
公式サイト http://alricha.net

人《ひと》はなぜ星《ほし》を見上《みあ》げるのか――星《ほし》と人《ひと》をつなぐ仕事《しごと》

2016年 8 月25日　初　版
2025年 2 月25日　第５刷

著　者　高　橋　真理子
発行者　角　田　真　己

郵便番号　151-0051　東京都渋谷区千駄ヶ谷 4-25-6
発行所　株式会社　新日本出版社
電話　03（3423）8402（営業）
03（3423）9323（編集）
info@shinnihon-net.co.jp
www.shinnihon-net.co.jp
振替番号　00130-0-13681

印刷　亨有堂印刷所　　製本　光陽メディア

落丁・乱丁がありましたらおとりかえいたします。

ISBN978-4-406-06044-8 C0044　Printed in Japan